[英国] 乔纳森·斯莱克 著 魏冉 张松 译

基因

牛津通识读本·

Genes

A Very Short Introduction

译林出版社

图书在版编目（CIP）数据

基因 /（英）乔纳森·斯莱克（Jonathan Slack）著；魏冉，张松译. -- 南京：译林出版社，2025. 3.（牛津通识读本）. -- ISBN 978-7-5753-0365-1

Ⅰ. Q343.1

中国国家版本馆CIP数据核字第2024GA9477号

著作权合同登记号　图字：10-2017-229号

基因　[英国] 乔纳森·斯莱克 / 著　魏　冉　张　松 / 译

责任编辑　杨欣露
装帧设计　景秋萍
校　　对　戴小娥
责任印制　董　虎

原文出版　Oxford University Press, 2014
出版发行　译林出版社
地　　址　南京市湖南路 1 号 A 楼
邮　　箱　yilin@yilin.com
网　　址　www.yilin.com
市场热线　025-86633278
排　　版　南京展望文化发展有限公司
印　　刷　江苏凤凰通达印刷有限公司
开　　本　890 毫米 × 1260 毫米　1/32
印　　张　7.625
插　　页　4
版　　次　2025 年 3 月第 1 版
印　　次　2025 年 3 月第 1 次印刷
书　　号　ISBN 978-7-5753-0365-1
定　　价　39.00 元

序 言

李宽钰

拿到这本翻译的小册子，时光立马回到25年前，我本人曾经翻译过一本通识读物《生命之线——基因与遗传工程》，心想25年后的类似读物该有些新的变化。果不出所料，除了经典的关于DNA—基因—遗传疾病等的叙述外，的确加了不少新的内容，例如基因组学如何颠覆传统医学，以及全基因组关联分析（GWAS）如何挑战复杂疾病的遗传密码。尤为可贵的是，作者乔纳森·斯莱克并未止步于科学事实的罗列，而是始终以批判性的视角追问基因概念的边界：它如何与种族、智力、疾病等社会议题交织？这些问题既呼应了科学发展的内在逻辑，也直面了公众关切的现实困惑。

阅读此书的过程，宛如跟随一位博学的向导，缓缓地行走在基因科学的时空长廊。虽然这是一本没门槛的生命科学入门指南，但读者还得有点耐心来读，译者保留了原文的某些语言习惯。书中除了再现经典遗传学的高光时刻——如格里菲斯的肺炎链球菌实验如何为发现DNA的遗传功能埋下伏笔，艾弗里的转化因子研究如何为双螺旋的发现铺路——也较为深刻地讨论了一些争议性议题。关于“种族”的生物学基础，作者明确指出，传统种族分类的遗传依据极其薄弱，族群内的遗传差异一点不比族群间的少，人类基因组的多样性更多体现为个体差异而非群体差异。对于智力遗传的争议，他避免陷入“基因决定论”的窠臼，但也没有否认遗传率的存在，同时说明这类复杂的“智力”性状是多基因的各类组合和文化教育共同作用的结果，避免了“宿命论”的误区。单基因的遗传疾病就是另一回事，书中列举了多个相对高发的单基因遗传疾病，是理解孟德尔遗传定律很好的范例。对法医感兴趣的读者应该从中明白法医是如何利用DNA这把利剑鉴别出嫌犯的，也能明确DNA使用中的局限性：既呈现技术威力，也警示隐私风险和伦理反思。这种客观叙事方式，不仅捍卫了科学的严谨性，而且彰显了人文关怀，鼓励了公众参与对社会问题的讨论。

本书的独特价值在于其多维度的内容架构。从达尔文与孟德尔的隔空对话，到“现代综合论”统一进化与遗传，科学史的脉络贯穿始终。读者不仅能了解“基因是什么”，更能理解“基因为何如此定义”，从遗传学视角理解“我是谁”这一哲学问题。这种视角消解了科学的权威感，还原了其探索科学的本质，同时让作为实验室研究对象的基因，走进了我们生活的方方面面。例如，书中对“癌症基因”的澄清（多数癌症源于体细胞突变而非遗传）。癌症也被称为遗传病，是因为遗传物质发生了改变，但体细胞的突变是不能遗传给下一代的，作者据此纠正了社会上流行的误解。如果有家族性的癌症发生就另当别论了。这种将科学与人文叙事巧妙交织的写法不会让读者觉得很枯燥。其思辨精神，恰是当下科学传播中提倡的品质，又体现了科学传播的价值。

在网络流行和拥抱人工智能的年代，还有人心怀梦想，翻译一系列的好书，让阅读回归书本，是让人喜悦的事。在这本书里，科学不再是冰冷的公式，而是充满温度的人类史诗；基因不仅是双螺旋的结构，更是连接过去与未来、个体与物种的永恒纽带。

收到“牛津通识读本”系列其他中译本图书时，发现它们还是中英文双语版本，为英语爱好者也提供了良好的学习机会，真好！

期待这本书，能让科学照亮未来。

目 录

前　言

什么是基因？就其本质而言，基因是一种DNA分子，它存在于我们的每一个细胞当中，控制着我们体内某种特定蛋白质的合成。但是，这个简单的定义并不足以涵盖基因概念的丰富性，以及它对生命科学产生的诸多影响。例如，有的基因并不编码蛋白质，有的则根本不具备任何功能，还有一些基因可能是存在的，但尚未根据DNA加以验证。

基因，可谓无人不知，无人不晓。我们也逐渐感受到它对于回答“我们是谁”这个问题的重要性。但是，这究竟意味着什么呢？我们依然心存困惑。例如，如果我的一级亲属患有癌症，是否意味着我有“癌症基因”呢？如果人们在石器时代的化石之中发现了我的基因，是否意味着我很原始呢？“自私基因”的存在，是否意味着人类的本性是自私的呢？

我们都知道，基因已经成为一项重大技术的基础。这项技术为我们带来了新的药物、诊断试验、法医鉴定、亲子鉴定和转基因作物，有些人对此表示欢迎，有些人则对此感到害怕。对于

将基因概念应用在种族、智力、犯罪或其他人类属性之上，许多
人持有怀疑的态度，而另一些人则认为，大多数情况之下，这些
人类属性通常都是由基因控制的。许多人都渴望了解基因，因
i 为尽管它深深地渗透于他们的生活之中，却仍然显得那么神秘
且令人困惑。

本书并非遗传学的教材，而是针对当今生命科学领域里各
种基因概念的简要介绍，其目的是帮助读者理解关于基因的主
要观点，考量有争议的问题，并引导有意愿的读者去阅读更高阶
ii 的书籍。

第一章

1944 年之前的基因研究

1938年，密苏里大学的美籍生物学教授艾迪生·久利克在《生物学季评》上发表了两篇引人注目的论文，其内容涉及基因的性质。但在这两篇论文发表之后不久，人们便发现，基因是由脱氧核糖核酸（DNA）所构成的。这一重大发现使得这两篇论文如今已无人问津。其实，在基因的化学性质得到证实之前，人们对基因的认识程度在这两篇论文之中就已经得到了精彩的呈现。久利克教授指出，基因位于细胞核内的染色体之中，它有着复杂的结构，并且以某种方式指导着酶的合成及生物有机体的发育。通常情况下，基因在代代相传之间会保持稳定，而其偶然发生的变化被称为基因突变。基因突变可以在种群内扩散，并且是自然选择进化的基础。他还对各种生物有机体的基因长短和数量做出了精准的估计。久利克教授的这两篇论文说明，若想了解我们对基因的现代认知从而何来，那么就要回溯到1953年沃森和克里克发现著名的“双螺旋”结构之前。

在艾迪生·久利克的论文发表之后不久，两个完全独立的

研究领域促成了我们对基因的现代认知，它们相互融合，开辟
1 了分子生物学这门新科学。这两个研究领域，分别是通过生物实验所进行的遗传研究，以及针对DNA的化学结构所进行的研究。

遗传生物学

18世纪之前，有关遗传的可证推测寥寥无几，甚至“遗传”这个词都未曾出现（大约在1830年，heredité一词在法国诞生，在英国则出现了genetic）。在那之前，虽然存在大量关于动物育种以及“血统”的模糊概念，但这些观点都是在对繁殖不甚了解的情况下得到的。第一次系统性的农业动物育种开始于18世纪。一位来自英国迪士利（毗邻拉夫伯勒）的绵羊育种专家罗伯特·贝克维尔，培育出了一个被称为新莱斯特羊的品种。相较于之前的品种，这个品种的羊生长速度更快，产肉更多（图1）。新莱斯特羊的培育方式是将最优质的公羊和母羊交配，创造出
2 一个可育的子代绵羊品种，如此一来，亲代的优良性状得以稳定地遗传下去。贝克维尔的育种经验传达着这样的理念，遗传包含了对于亲代（父本和母本）不同性状（俗称动物表现特征）的融合或平均化。动物育种专家当然相信性状的融合，因为他们可以通过动物交配，以及测量诸如身高、体重或生长速度等特征来观察到这一点。但是，此种混合遗传理论却与达尔文的自然选择学说相背离。

到了19世纪中叶，也就是达尔文开展研究工作的年代，科学家们已经广泛接受了生物进化的事实，而这一理论主要是基于在化石记录中所观察到的变化。达尔文及其同时代的阿尔弗

图1　新莱斯特绵羊。戴维·洛,《不列颠群岛家畜繁殖》,1842年出版于伦敦

莱德·华莱士所做研究的真正影响在于:他们为人们在生物进化过程中所观察到的生命个体变化提供了一种真实可信的解释机制,而这便是自然选择学说。这一理论可以简单地概述为:如果一个动物或植物种群中的个体之间存在某些性状上的差异,而这些性状是可遗传的,并且影响到繁殖的可能性,那么该种群的个体将不可避免地在世代间出现繁殖差异化。那些对于繁殖有利的性状将变得更加常见,并且最终取代其他性状。性状改变的方向和速度由客观自然条件所决定,这些选择条件将导致不同性状生物个体的繁殖能力出现差异。自然选择学说似乎极具说服力,这尤其体现在达尔文的《物种起源》(1859)之中,他

通过大量博物学证据来支持这一理论。当时，宗教团体是这个理论的主要反对者，他们意识到自然选择的原则破坏了“目的论论证”，而这是有关上帝存在的重要论证。此外，自然选择学说中有关“人与动物有亲缘关系”的观点也因冒犯到一些人而招
3 致反对。同时，科学领域也存在一些反对之声，其中最激烈的声音聚焦于调和自然选择与混合遗传的这一难题上。

假设某一个体由于拥有某种较为稀有的特殊性状而在繁殖方面优于其他个体，该个体就很可能会与缺乏这种性状的个体交配，接下来，后代会以一种稀释形式拥有这种性状。经过三四代后，这种优势性状将被稀释殆尽。因此，自然选择只会发生在几代之内，这并不足以改变整个繁殖种群，除非这种新性状所带来的繁殖优势极为显著。达尔文本人也深知这一问题，但他也反对生物进化过程之中会出现跳跃式变化的观点。他认为进化是通过许多微小的变化，以一种平稳且难以察觉的方式进行的。

一些学者据此论点得出了合乎逻辑的结论，那就是造成进化的遗传因子必定有着极大的影响力，如此一来，充分的选择便可以发生在它们被稀释掉之前，而这种性状也就有可能变得足够普通，以至于拥有该性状的个体之间得以交配，使其在后代身上不再被稀释。威廉·贝特森是秉持这一观点的学者之一，在《变异研究的材料》（1894）一书中，他记录了一系列有关动植物种群之中不连续变异和定性变异的独特实例。此外，研究者对生物体自发“突变”的观察，为巨大遗传变化的存在提供了更为直接的证据。1886年，荷兰植物学家雨果·德弗里斯就发现了一种具有显著新性状的月见草，而且这一新性状能够在后代之中稳定遗传。尽管如此，混合遗传依然是自然选择理论无法回

避的一个棘手问题。

实际上，早在1866年，格雷戈尔·孟德尔就提出了解决这个问题的方案。孟德尔是布尔诺（现属捷克共和国）圣托马斯修道院的一名修道士。19世纪初期，布尔诺是纺织品制造和绵 4
羊育种的中心，而这个修道院拥有一座两公顷的实验园。孟德尔曾在奥洛莫乌茨大学的哲学课程中学习过有关动植物育种的知识，在修道院院长的鼓励下，他在布尔诺继续进行有关这一领域的研究工作。在1856年到1863年期间，孟德尔用豌豆做了一系列实验。他很幸运地选择了简单性状（也就是如今被称为由单一孟德尔基因所决定的性状），而不是由多基因所决定的复杂性状。这些性状包括圆粒或皱粒的种子形态，以及绿色或黄色的种子颜色。孟德尔假定，每一个可见的性状都源于不可见的遗传“因子”，这意味着遗传有其可循之规。他的育种实验表明，在每株植物中，每个性状都含有一对遗传因子，分别来自母本和父本。在生殖细胞（花粉或卵子）形成的过程中，成对的遗传因子彼此分离，随机进入不同的配子中。在一些情况下，某个遗传因子对于性状的影响会掩盖另外一个遗传因子，我们现在称其为显性基因。例如，黄色豌豆与绿色豌豆杂交的后代只会呈现黄色外观。然而，若将新一代黄色豌豆进行交叉交配，那么其后代之中，将有四分之一的豌豆呈现绿色外观。这表示绿色因子仍然存在，但被黄色因子掩盖了（图2）。所以，孟德尔认为，遗传因子表现为离散的单位，即每个亲本为每个后代提供一对遗传因子中的一个，后代的性状表现取决于遗传因子的具体组合情况以及遗传因子之间显隐性的规则。1866年，孟德尔在《布尔诺自然科学协会学报》上发表了他的研究结果。但这本刊

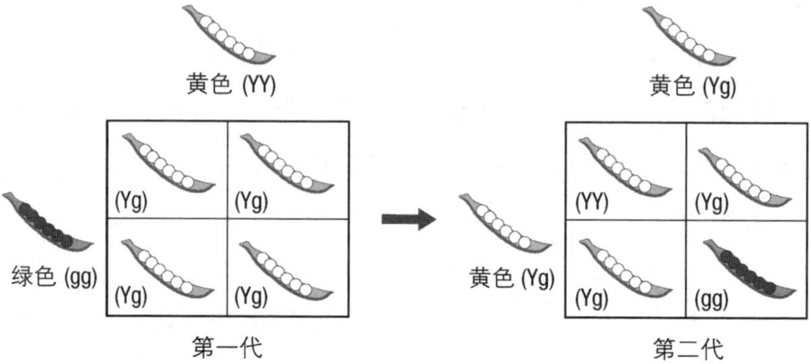

图2　孟德尔的豌豆实验。当黄色豌豆与绿色豌豆杂交时，第一代种子均为黄色表皮。但是，当第一代种子再次杂交时，第二代种子中有四分之一呈现绿色外观。对此，孟德尔的解释如下：假设存在两种因子，即黄色因子Y和绿色因子g，黄色因子在与绿色因子共存时具有显性优势

物是我们如今所说的“低影响期刊”，因此，他的论文并没有获得世人的关注。1868年，孟德尔成为修道院院长，之后便主要从事行政工作。他在1884年去世，直到那时，他所发现的遗传学基本原理仍未被世人所知。

20世纪

在西欧和美国，有关以下内容的争论持续不断：自然选择是否可以通过混合遗传起作用；影响较大的突变是否是变异的可靠来源。1900年，孟德尔的研究结果被重新审视并得到进一步的发展，推动者中包括了荷兰植物学家雨果·德弗里斯和德国植物学家卡尔·科伦斯。至此，有关自然选择和遗传变异的争论得以停歇。孟德尔的遗传学理论认为，遗传因子可以稳定持续地代代相传，不同个体遗传因子的差异性导致了种群中的遗传变异。这一观点足以解释遗传变异的出现，因此，我们不必再

假设新的突变来解释每一种新出现的遗传变异。此外，那些更为复杂的性状，其遗传方式看似混合遗传，实则可以解释为是多个独立的孟德尔遗传因子共同作用的结果。

19世纪后期，显微镜的改良以及新型工业化学染料的出现，提高了细胞以及细胞核的可视性。沃尔特·弗莱明是一位来自 6
德国的解剖学家，在基尔工作时，他率先发现了染色体并描述了细胞分裂（即有丝分裂）的过程。在有丝分裂的过程中，亲代细胞的染色体会进入两个子细胞的细胞核之中。比利时细胞学家爱德华·范本尼登的研究表明，每个物种的染色体都有其特定的数量，而该数量在一个生物体的不同细胞之中保持一致。通过观察线虫蛔蛔虫的染色体在细胞分裂过程中的变化，他发现染色体的数量是保持不变的，但在生殖细胞的形成过程中，染色体的数量会减半。如今，形成生殖细胞的分裂过程被称为“减数分裂”（英文中，复数是meioses，单数是meiosis）。

到了20世纪初，在孟德尔的研究得以复兴之后，德国细胞学家西奥多·博韦里和美国遗传学家沃尔特·萨顿各自进行了独立的研究，他们不约而同地指出，染色体的表现与孟德尔遗传因子极为相似。从那时起，大多数的科学家相信染色体本身就是遗传因子，或者至少包含了遗传因子。1909年，哥本哈根大学植物生理学教授威廉·约翰森将遗传因子命名为“基因”（Gene在德语中是复数形式，相当于英语中的genes）。这个名词实际上来自希腊语γενεα（即世代或种族）。这是一个有趣的语言学实例，即根据一个过程来命名一个实体，早在1830年，“遗传的”（genetic）一词便已出现，而直到1905年，作为名词的“遗传学”（genetics）才被威廉·贝特森引入使用。

随着时间的推移，遗传学的研究中心从欧洲转移到美国，相应地，研究重点也发生了变化。托马斯・亨特・摩尔根在美国哥伦比亚大学开展的果蝇研究，为现代遗传学的建立奠定了基础。作为遗传学的研究材料，果蝇具有许多优势：体形小，生命周期短，可以大量保存在小型试管中，能在合理的时间范围内进行多次杂交实验，体表有很多复杂的解剖结构，通过简单的视觉工具就能观察。尽管付出了很多努力，摩尔根始终没有找到诱
7 发新突变的方法，但是，他发现了许多自发的突变，并将其应用于育种研究。孟德尔认为亲代遗传因子会以分离的形式出现在下一代个体之中，而摩尔根的果蝇研究表明，大多数突变因子并没有相互分离。区别在于果蝇只有四对染色体，因此两个基因很可能位于同一条染色体之上，并在减数分裂的过程中一起传递给生殖细胞。但是，同一条染色体上的基因确实有时会产生分离，摩尔根发现这种情况的产生是因为两个亲本染色体总是在最后一次细胞分裂（减数分裂）中彼此形成配对，导致生殖细胞形成（花粉、精子、卵细胞）。在配对期间，染色体可能断裂和重新结合，从而交换了不同染色体之间的片段。因此，一个亲本染色体上的一个基因可以与另一个亲本染色体上的基因结合，并一起传递给生殖细胞。重要的是，两个基因分离的可能性取决于它们之间在染色体上的距离。因此，同一个染色体上基因分离的频率可成为基因作图的基础。利用这些技术，摩尔根研究小组构建了果蝇染色体的精准基因图谱，显示了许多能控制可见突变的基因在染色体上的位置。

摩尔根的一名学生赫尔曼・穆勒当时在得克萨斯大学工作，他最终发现了一种会使果蝇产生新突变的处理方法，这便是

X射线。染色体被X射线照射后通常会显现出可见的变化，从而加强了染色体与基因之间的联系。在20世纪30年代初，科学家注意到果蝇幼虫的唾液腺含有体积巨大的染色体，比大多数其他类型细胞中的染色体都大得多。在显微镜下，它们比正常大小的染色体显示出更多的细节，经过适当染色后，能发现它们包含数千个条带，这些条带是单个基因或小的基因群。作为果蝇研究项目的一个结果，摩尔根所在的学校明确证明了基因位 8
于染色体上，它们呈线性方式排列，并且每个细胞都包含来自父本和母本的一个染色体组，因此每个体细胞都含有两个染色体组，每个生殖细胞含有一个染色体组。

到了19世纪后期，另一种科学体系逐渐形成，现在我们称其为统计学。在有关进化论的研究领域，以“生物统计学家”卡尔·皮尔逊为首的学派坚守达尔文的正统学说，认为遗传本质上具有数量性、连续性，进化是一个循序渐进的过程。这一派与孟德尔主义相去甚远，而它们最终被费舍尔所调和。费舍尔曾在英国洛桑农业实验站担任主任一职多年，其间研发了许多关于设计和分析定量实验的统计学方法，其中不少方法被沿用至今。不仅如此，费舍尔也是现代定量遗传学之父。他认为，数量性状（例如身高和体重）可以通过多个孟德尔基因共同作用的结果来解释，每个孟德尔基因在变异中发挥着不同程度的作用，在此情况之下，研究者所观察到的混合性状与孟德尔遗传理论完全一致。费舍尔与芝加哥大学的休厄尔·赖特以及当时在剑桥大学的J.B.S.霍尔丹一起创立了众人皆知的“现代综合论”，该理论是建立在孟德尔遗传学基础之上的自然选择理论。

在20世纪初期，人们对生物体如何将食物转化为能量和生长原料的理解有所加深。当时已有研究表明，每个代谢步骤都是由酶催化的化学转化，而酶本身就是蛋白质。斯坦福大学的乔治·比德尔和爱德华·塔特姆选择了比果蝇更适合生化研究的粗糙脉孢霉作为研究材料。粗糙脉孢霉可以在简单的琼脂培
9 养基上生长，如果突变导致粗糙脉孢霉无法合成特定物质，只要将这种物质添加到培养基中，霉菌就仍然可以生长。比德尔和塔特姆通过X射线诱变产生了许多突变菌株，并发现每种突变都会导致特定酶的缺失。基于这一观察，他们得出结论，基因要么是酶，要么控制着酶的形成，如今被概括为“一个基因，一个酶”。

因此，到第二次世界大战爆发时，人们已经积累了不少有关基因的知识。例如，人们了解到基因位于细胞核中的染色体上，染色体成对出现，它们分别来自父本和母本，每个基因都以某种方式负责着特定酶的产生或活性状态。基因的变化，也就是基因突变可以通过X射线或某些化学物质引发，因此，这些化学物质被称为诱变剂。但是，当时的人们仍未知晓基因的化学本质。基因到底是由什么组成的？这是艾迪生·久利克的综述所讨论的一个主要问题。像当时的大多数人一样，他假定基因是大分子，可能由蛋白质或蛋白质复合物组成。但是，这些大分子究竟为何？它们如何复制？它们如何控制酶的合成？仍是未解之谜。

DNA

与大众认知所不同的是，在生物化学领域，DNA的研究历史颇为久远。早在1869年，德国图宾根大学的瑞士籍生理化学家弗雷德里希·米歇尔就发现了DNA的存在。米歇尔从手术患者的绷带上收集脓液，并从中获取大量白细胞开展研究。他

先用胃蛋白酶分离出细胞中的细胞核，然后用弱碱性物质提取细胞核内的物质，最后用酸将提取出的物质沉淀下来。通过这个实验，他发现了一种被称为“核素”的新物质。虽然核素中也含有磷，但与当时已知的其他含磷生物物质存在明显差异。米 10
歇尔认为核素的功能仅仅是储存生物体内的磷。若以现代标准来看，随后关于核素的研究进展可谓相当缓慢。在生物学领域，1880年的育种实验技术与1980年相差无几。但在化学领域，19世纪后期的技术仍然非常原始。分离物质的方法极为有限，研究者仅能通过盐或溶剂进行沉淀。而且，简单分子结构的分析方法也寥寥无几，常用的方法是先对物质进行纯化，然后再测定其中所含的每种化学元素的质量比例。此外，在生物化学领域，因大分子易受恶劣环境影响，研究者更是步履维艰。

1880年至1900年期间，柏林大学的阿尔布雷希特·科塞尔进行了大量有关核素的研究。因该物质含较多磷酸基团而呈现出酸性，所以又被称为“核酸”。科塞尔发现核酸的主要成分是五种碱基：腺嘌呤、胸腺嘧啶、胞嘧啶、鸟嘌呤和尿嘧啶。在化学中，“碱基”是一种碱性物质，因为它们含有氨基（NH_2），所以呈现出弱碱性。它们通常以首字母缩写表示：A、T、C、G、U。在20世纪初期，纽约洛克菲勒医学研究所的菲巴斯·利文对此进行了广泛且深入的化学研究。他先后鉴定出核糖以及近亲脱氧核糖是核酸的组成部分。最重要的是，他确定了核酸是由碱基、五碳糖和磷酸基团结合在一起的长链分子。到了1935年，通过鉴定碱基的位置以及每个糖分子上相连的两个磷酸基团的附着位点，核酸真实的化学结构得以确定（图3）。简而言之，人们已经认识到碱基、五碳糖和磷酸基团结合在一起的方式非常多，并 11

且发现碱基位于五碳糖的1′端，而磷酸基团位于3′端和5′端（带撇号的数字代表糖分子之中的单个碳原子），这一发现极大地扩
12 展了人们对于DNA化学结构的理解。

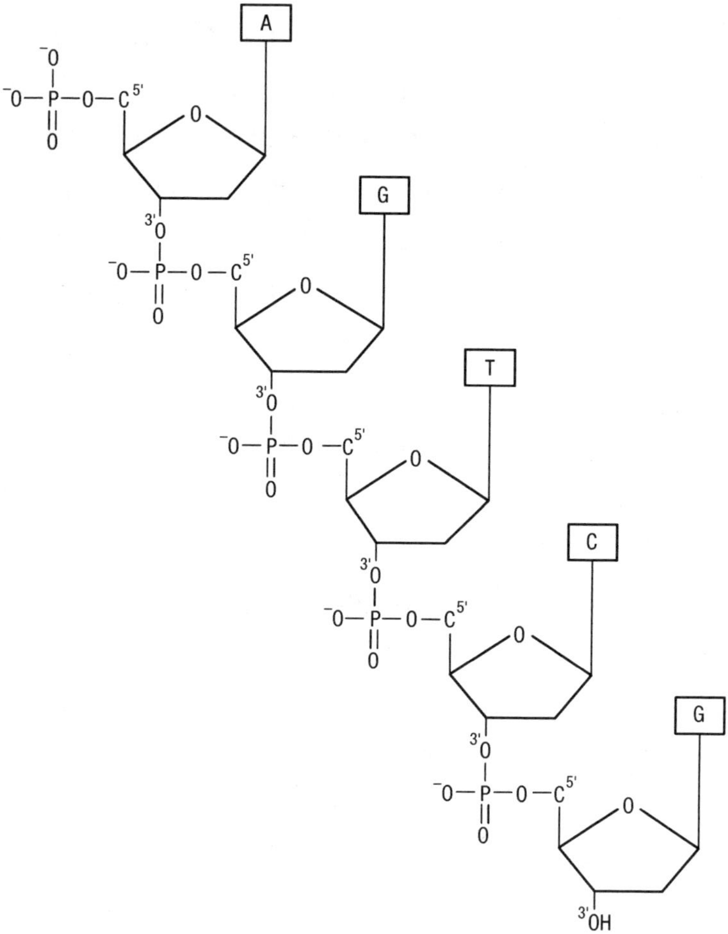

图3　DNA二维结构。此图仅表示五个核苷酸的化学结构。每个核苷酸由一个糖连接一个碱基和一个磷酸基团组成。该糖包含一个带有四个碳原子和一个氧原子的环；这里的碱基表示为A、C、G、T；5′和3′是对应五碳糖中不同碳原子的数字

就化学命名而言，**核苷**是由一个五碳糖连接一个碱基组成，**核苷酸**由一个磷酸基团连接一个核苷组成，而**核酸**则是由多个核苷酸连接在一起组成，如图3所示。在20世纪20年代，人们逐渐认识到核酸有两大类。“动物核酸”（现在称为脱氧核糖核酸或DNA）以脱氧核糖为五碳糖，以A、C、G和T为碱基。“植物核酸”（现在称为核糖核酸或RNA）以核糖为五碳糖，以A、C、G和U为碱基。实际上，动植物都含有DNA和RNA，但DNA主要存在于细胞核中，RNA则主要存在于细胞核周围的细胞质中。之所以这样命名，是因为DNA通常提取自小牛胸腺（细胞核大，细胞质少），而RNA提取自酵母（细胞核小，细胞质多）。到了20世纪30年代末，人们普遍认识到“动物”和“植物”这样的分类命名并不准确。

因此，在艾迪生·久利克发表综述时，人们已经从生物学研究中获得了非常精准的基因图像，并且也了解了DNA和RNA的化学本质。那么，为什么没有人意识到基因是由DNA构成的呢？实际上，对这个问题有两个合理的解释。首先，关于DNA结构最流行的观点是，它是一个四核苷酸，换句话说，每个DNA分子由含A、C、G和T四种碱基的四个脱氧核糖核苷酸组成。为什么人们当时会有这样的想法？因为当DNA降解时，收集到的四种碱中每种的碱基量都大致相等；此外，测量发现，DNA的相对分子质量大约为1 500，这个值相当于四个核苷酸的总和。与已知相对分子质量更大且化学结构更复杂的蛋白质分子相比，四核苷酸是一个相当简单的结构，而似乎遗传信息是不可能被存储在像四核苷酸这样简单的物质中的。在生物学方面，人们已知染色体上含有基因，而染色体也含有DNA。但是，当使用

能与DNA产生特异反应的染料去给细胞的DNA染色并在显微
13 镜下观察时，科学家发现染色会在细胞分裂过程中消失。这表明DNA在每个细胞周期中都会被降解以及重新合成，此行为与已知的基因能够长时间保持稳定的性质相违背。

基因的化学本质

在生命科学领域，识别出导致生物现象的特定物质往往是最令人振奋的发现之一。激素、维生素和酶都属于此类物质，但没有什么像发现基因的化学本质那样引人注目。毕竟，基因是生物学研究的绝对核心。事后看来，这一发现似乎进展缓慢。但在当时，任何发现都极其困难，基因也不例外。毕竟，没有人敢打包票说出基因确切的物质组成。也许基因是由许多复杂且非常重要的物质组成的巨大分子复合物。也许即便我们可以得到纯化的基因并用来分析其分子组成，我们也很难获得基因实际上是如何工作的线索。

在任何情况下，如果你没有测量某种物质活性的手段，你将无法鉴定该物质。这意味着在生物化学中需要找到合适的生物测定方法来证明和检测生物活性。在20世纪30年代，我们似乎没有显而易见的方法可以将基因导入果蝇或粗糙脉孢霉中以改变生物体的性状。基因的生物测定需要涉及一些更为简单的问题。

基因鉴定的方法实际上已经由英国卫生部病理实验室的弗雷德里克·格里菲斯发明。格里菲斯主要研究肺炎链球菌，该细菌是人类肺炎以及其他的一些感染性疾病的主要诱因，以多
14 种亚型存在。格里菲斯用两种类型的肺炎链球菌感染小鼠。“光滑”型肺炎链球菌表面有胶状多糖荚膜，这使它们能够逃避宿主

的免疫系统。而“粗糙”型肺炎链球菌则不能逃避宿主的免疫系统。因此，光滑型肺炎链球菌更具致病性。“光滑”和“粗糙”这两个名称实际上与在琼脂平板上生长时的细菌菌落外在形态有关。1928年，格里菲斯发表了一篇关键性的实验论文，他表明将粗糙型活细菌与加热致死的光滑型细菌混合后注射到小鼠体内，小鼠死亡，然后从小鼠体内能分离出光滑型的活细菌。而单独使用粗糙型细菌或加热致死的光滑型细菌都不会发生这种情况。这意味着控制光滑荚膜形成的基因已经从死的光滑型细菌转化给了活的粗糙型细菌。

奥斯瓦尔德·艾弗里的研究小组和纽约洛克菲勒医学研究所的其他同事进一步开展了这项研究并取得了突破性的进展，他们证明基因转化也可以在体外发挥作用。用光滑型细菌的化学提取物处理过的粗糙型细菌确实会在琼脂平板上产生光滑的菌落，因此观察这种现象不需要准备一只具备感染和免疫复杂性的完整小鼠。最终，光滑型细菌的化学提取物被高度纯化，并显示出与DNA的化学组成一致。此外，该物质的活性可以被DNA特异的降解酶破坏，但不能被其他处理方式破坏。这篇开创性的论文发表于1944年，艾弗里在论文中的解释非常谨慎，他只是推测了“转化因子”与基因的一致性。该论文当时并没有引起任何轰动，仅在其他论文中被适度地引用。但是，有两位研究者关注到了艾弗里的结论，这两位研究者将在后续大事件中扮演关键的角色。他们是弗朗西斯·克里克和詹姆斯·沃森，艾弗里的论文让他们相信DNA是极其重要的物质。

第二章

由 DNA 组成的基因

双螺旋

1944年之后，依据艾弗里的实验结果，一部分业内人士表示，在肺炎链球菌之中，至少有一种基因是由脱氧核糖核酸所组成的。在接下来的20年时间里，一系列惊人的发现推动了现代分子生物学整体框架的确立。从那时起，这段历史便成了教科书中的核心内容。在众多与此相关的历史事件之中，最广为人知的是DNA三维结构的发现：著名的双螺旋。

前一百年的化学研究工作揭示了DNA分子的结构。DNA由包含A、T、C和G的四种核苷酸所组成，通过磷酸基团连接成长链。然而，研究者们很难确定这些构成要素在三维空间中的排布方式。经由伦敦国王学院莫里斯·威尔金斯和罗莎琳德·富兰克林的X射线衍射研究，以及剑桥大学詹姆斯·沃森和弗朗西斯·克里克的DNA分子模型构建研究，上述问题才得以解决。而前面提到的几位研究者也因此获得了1962年诺贝尔生理学或医学奖（罗莎琳德·富兰克林于1958年去世，未能获得诺奖，但她的成就具有开创性的意义）。16

在上述研究发现的不久前，哥伦比亚大学的埃尔文·查戈夫发现了DNA中关键的化学信息，这极大地推动了DNA模型的建立。查戈夫发现，DNA包含着相同数量的A和T，以及相同数量的C和G。此外，DNA中A+T和C+G的比例在不同生物体中有所不同。传统的四核苷酸假说认为，四种核苷酸均等比例出现，但是，查戈夫的计算结果比20世纪20年代至30年代的计算结果更精准，他认为，A必然以某种方式与T结合，C则与G相结合。

尽管分子结构并不总能解释功能，但事实证明，DNA的三维结构确实可以解释其是如何充当遗传物质的。一个DNA分子由两条链组成，它们相互缠绕，呈螺旋状。反向平行的两条链通过碱基之间的吸引力（氢键）结合在一起，碱基配对的方式为A与T配对，C与G配对（图4）。此碱基配对方式与“查戈夫法则”一致：A—T和C—G。由于该结构由两条互补链组成，因此可以通过分离这两条链且在每条链上装配一条新的互补链来实现DNA的复制。如此一来，模板链上每个T的对面插入一个新的A，每个G的对面插入一个新的C。詹姆斯·沃森在其著作《双螺旋》（1968）之中，详尽地描述了DNA结构的发现过程。

不久之后，科学家们便获得了DNA依据上述方式进行复制的证据。在每次细胞分裂之前，每个染色体中的全部DNA内容都被复制为两个双螺旋分子，复制形成的DNA分子都包含一条原始链和一条新合成的链。当细胞分裂时，这两个相同的双链分子分别进入两个子细胞。因此，两个子细胞都具有与原始细胞完全相同的基因。17

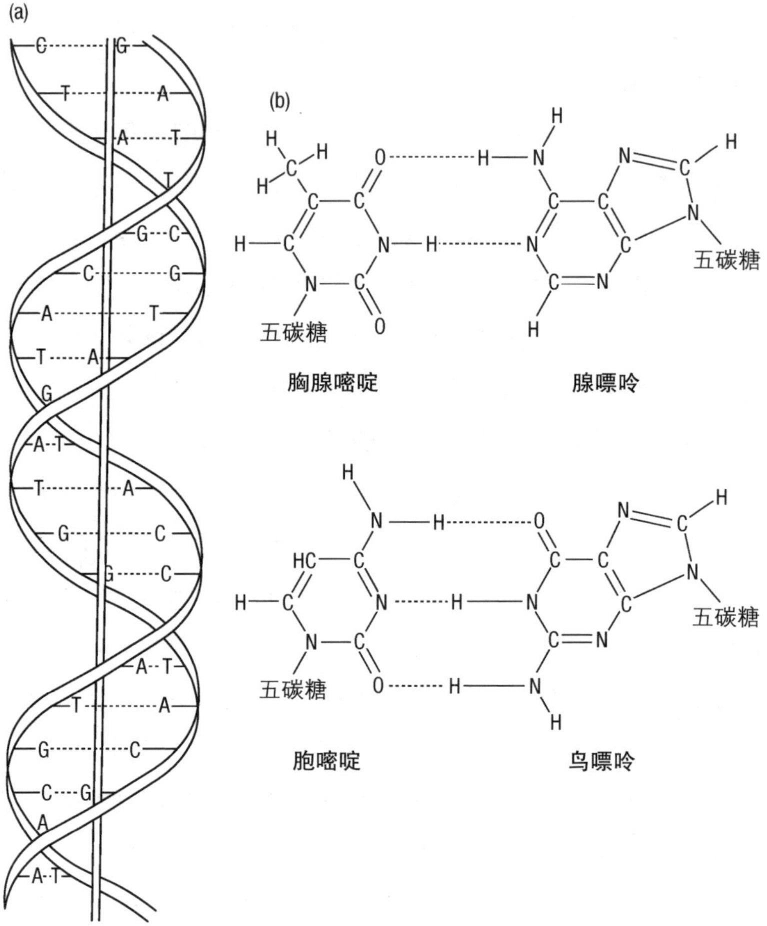

图4　DNA三维结构。(a) DNA是一个双螺旋，由反向平行的两条链组成。这些链通过碱基之间的氢键连接在一起；(b) 由A—T和C—G形成的碱基对

众所周知，基因控制着酶和其他蛋白质的合成。蛋白质是由20种主要氨基酸组成的长链。那么，四种单位类型（A、T、C、G）的序列如何控制形成20种单位类型的蛋白质序列呢？这就是所谓的遗传密码问题。DNA含有四种不同的碱基，两个碱基

存在16种排列组合，而三个碱基则存在64种排列组合。据此，科学家推断得出的初步结论是，至少需要三个碱基来编码特定的氨基酸。实际上，DNA序列控制蛋白质合成的化学机制非常复杂，涉及多种RNA（图5）。首先，基因是DNA双螺旋一条链上的核苷酸序列，该序列的遗传信息被复制到信使RNA之中。这一过程被称为转录，由多种酶和其他一些蛋白质协助完成。19
在转录过程中，RNA链的组装是通过将每种碱基与DNA序列中

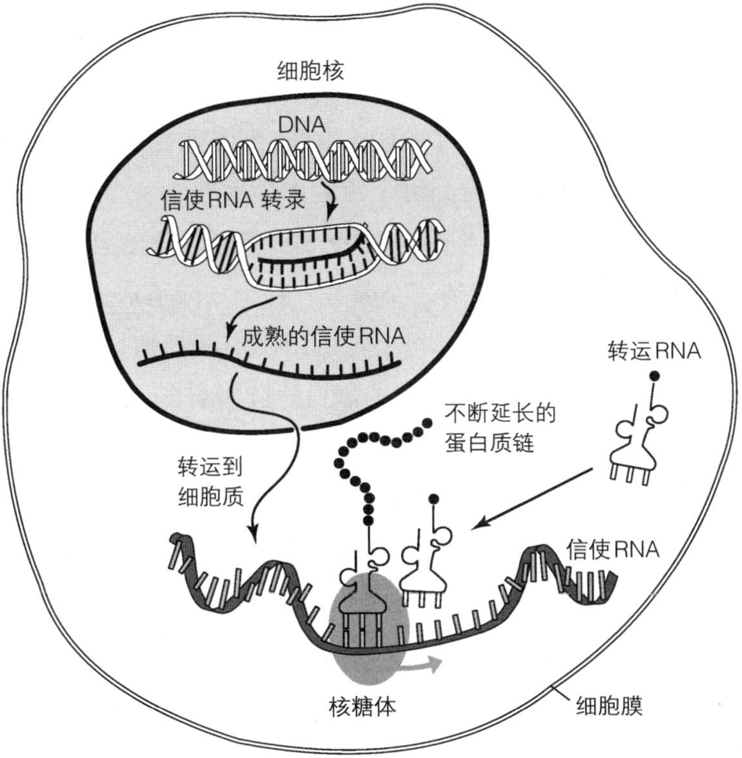

图5　蛋白质合成。首先，将基因序列复制到信使RNA（mRNA）中。信使RNA移至细胞质，并根据此序列装配蛋白质链，其中一个氨基酸由三个核苷酸组成的三联体所代表

相对应的互补碱基对位来完成的。RNA是单链分子，同样含有四种碱基，但与DNA不同的是，RNA中并不存在胸腺嘧啶（T），取而代之的是尿嘧啶（U）。在转录的过程中，U插入模板DNA中A的相对位置，而其他配对方式则照常：A与T配对，C与G配对，G与C配对。随后，信使RNA移出DNA所在的细胞核，移入细胞质中与核糖体结合。核糖体是复杂的细胞器，每个核糖体由三到四个RNA分子以及约百个特定的蛋白质分子组成。核糖体RNA没有信使RNA那样的遗传信息传递功能，它是结构性的，主要在两方面发挥作用，一是维持核糖体结构的完整性，二是执行催化功能。蛋白质的合成是将许多氨基酸分子连接成线性链的过程，它分为几个阶段。首先，细胞质中的单个氨基酸分子会与转运RNA结合。每个转运RNA都包含一个三碱基序列，该序列通常以碱基互补配对的方式（例如，A与U互补；C与G互补）识别信使RNA的三个碱基。每个三碱基（三联体）对应一种类型的转运RNA。每个转运RNA分子都携带一个氨基酸分子，该分子会与不断增长的蛋白质链相结合。每个三联体都存在A、C、U和G的64种排列组合，这些被称为密码子。其中有61种密码子对应特定的氨基酸，并由特定的转运RNA分子识别。剩余的三种用作终止子，对应蛋白质链的末端。一旦转录达到终止子，蛋白质合成即完成并从核糖体上分离出来。信使RNA中的64个碱基三联体与20种氨基酸之间的关系被称为**遗传密码**。该遗传密码具有“简并性”，因为几个三联体可以对应相同的氨基酸。一些氨基酸有多达六个三联体，另一些氨基酸则有四个、两个或仅一个对应三联体。

DNA的双螺旋结构、半保留复制、信使RNA以及遗传密码等核心概念，构成了现代分子生物学的学科基础。这是由一小撮人在发现DNA双螺旋结构之后的十年内建立的学科。自20 20 世纪60年代以来，成千上万的人对基因的结构、基因活性以及蛋白质合成的机制进行了详尽的研究。当代教科书所呈现的图景甚是繁杂，涉及成千上万个独立分子的组成成分。但是，该过程的本质仍与本书所述一致。

第二代分子生物学逐步转变为一个实用的工具包，用于分析和改造活生物体。这发生在20世纪70年代至80年代，科学家们引入了许多超强的现代技术。其中包括分子克隆，通过这一技术，单个基因得以分离，且扩增到适用于实际应用的数量。基因可以通过多种方法导入生物体，病毒是常见的载体，它将基因导入细菌或动物细胞之中。分子生物学工具包中也包括DNA测序，它是一套化学技术，用于测定DNA分子样品中A、T、C和G的顺序或“序列”。时至今日，测序技术已高度自动化且具备强大的功能，以至于当我书写本书时，我们只需要花费几千美元，便可以在几个小时内测定人类基因组的序列。此外，工具包中还有几种灵敏的技术可用于测量细胞和组织样品中特定基因或基因产物的量。这些技术依赖于互补核酸分子的识别（杂交），以及通过一种类似于体内DNA复制的方法所进行的样品扩增（聚合酶链反应）。这些方法能够精确测量生物样品中特定类型的DNA或RNA，即使这些分子的存量极少。

基因是什么？

这个问题常出现在生命科学专业本科新生的论文题目当中。就某些角度而言，答案非常简单：“一个基因就是一个DNA 21

片段。”但是，即使在分子生物学的框架内，实际情形也要比这复杂得多。按照上文方式控制蛋白质合成的DNA序列被称作“编码区”。即使是相对简单的细菌基因，除了编码区外，还具有一些调控序列，动植物中的基因则要更为复杂。它们的总DNA中只有一小部分由编码蛋白质的基因组成，而这些基因中只有一小部分是实际编码区。动植物的基因被分为几个片段，它们被称为外显子。存在于外显子之间的长序列被称为内含子。RNA转录起始于编码第一个氨基酸的三联体之前，而结束于终止三联体之后，包含了外显子和内含子。随后，内含子被剪切，生成较短的成熟信使RNA，其中仅包含与外显子互补的序列。成熟的信使RNA被转运至细胞质。即使在成熟的信使RNA之中，每个末端都有一个不编码蛋白质的区域。我们一般认为，“基因”（图6）包括内含子和转录开始的启动子序列，有时还包括调节基因表达的DNA调控序列。基因的调控区域决定了在哪些细胞类型中该基因会活跃，这些调控区域可能非常复杂，并且比基

22 因本身的编码区域要大得多。

某个特定基因仅存在于DNA双螺旋的一条链上。但是，其他基因可能存在于另一条链上。由于基因功能序列之间的巨大

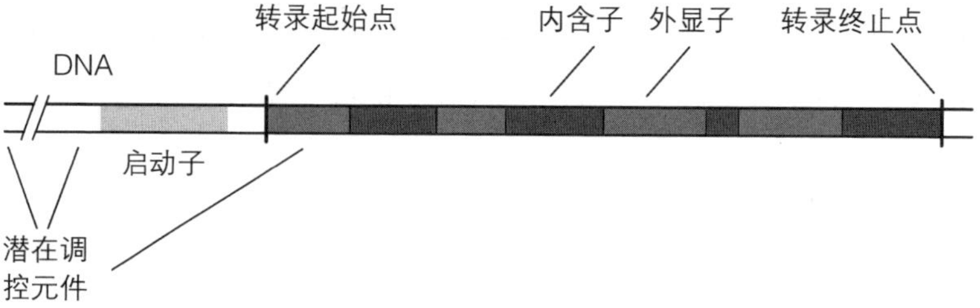

图6　基因结构。此图表示动植物基因的结构；细菌基因不包含内含子

间隔，基因有可能在同一条DNA链上重叠，又或者，也是更常见的，会在相对的链上重叠。实际编码区的重叠不太常见，因为在相反方向的互补链上同时编码氨基酸显然会受到严格的限制。然而，末端序列或内含子的重叠则较为普遍，因为这些部分的序列编码几乎没有明显的限制。

一些基因编码RNA，而不是蛋白质。这包括已提及的核糖体RNA以及转运RNA，但还有许多其他类型的RNA，例如微小RNA和长非编码RNA，它们的数量或许非常庞大，但功能仍不确定。

尽管存在这些复杂性，分子生物学家仍将基因视为一段具有功能的DNA片段：无论是编码蛋白质、编码RNA还是调控RNA。正如我们现在所看到的，在许多生命科学专业中，“基因”一词也用于表示DNA的非编码序列和可能无功能的序列。

生物体中的每个细胞都包含一个带有染色体的细胞核，这些染色体在显微镜下呈现短线状。染色体仅在细胞分裂期间可见。当细胞不分裂时，染色体是不可见的，但它们仍然存在。每个染色体都是一条非常长的双螺旋DNA分子，其中包含许多基因。每个染色体都有两份拷贝，一份来自母本，另一份来自父本（图7）。在细胞分裂之前，通过DNA复制，染色体完成复制，使得每个双螺旋DNA分子变成两个双螺旋DNA分子。因此，在DNA复制之前，在每个细胞之中，每个基因存在两份拷贝（一份来自母本，另一份来自父本），在DNA复制之后，变为四份拷贝（两份相同的母本和两份相同的父本）。当细胞进行常规的**有丝分裂**时，染色体自身分裂成两条相同的DNA分子，它们平均 23

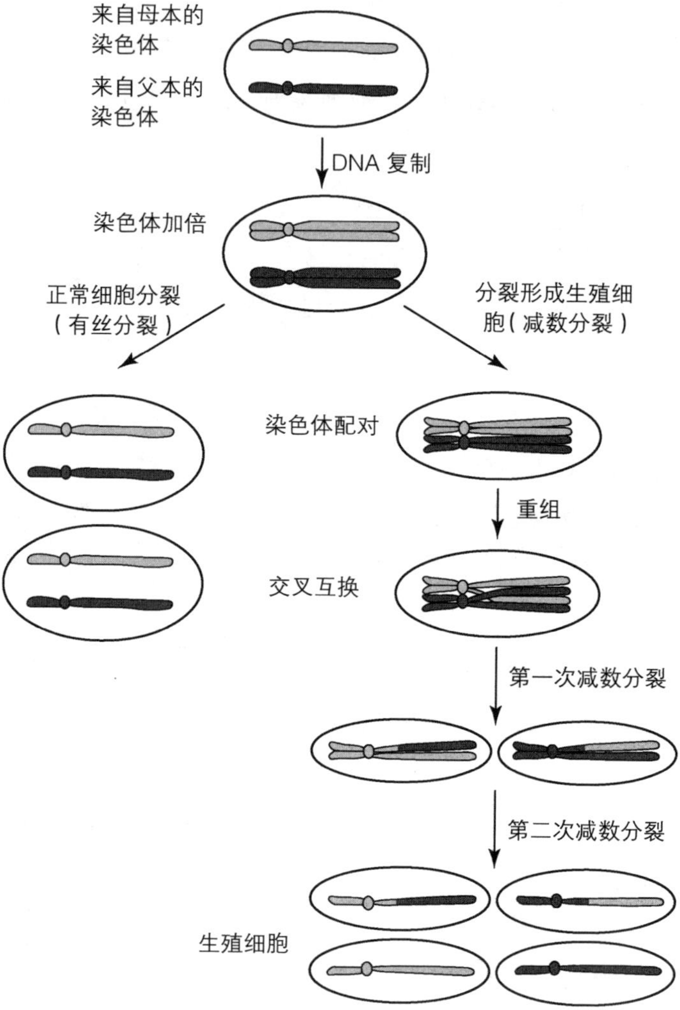

图7　细胞分裂过程中染色体的行为。左侧显示常规的细胞分裂（有丝分裂）。右侧显示生殖细胞的形成（减数分裂）。在雄性生物中，所有四个细胞都会变成精子，但是在雌性生物中，只有其中一个细胞会变成卵子

分配到两个子细胞的细胞核中。在生殖细胞形成的过程中，细胞的分裂方式被称为**减数分裂**，该分裂方式与有丝分裂有所不 24
同，来自母本和父本的染色体形成的染色体对彼此分离，从而使得精子或卵细胞中的染色体数减少到体细胞中染色体数的一半（图7）。由于母本和父本染色体是随机分离的，每个个体的精子或卵细胞包含着两个亲本染色体的随机组合。母本染色体和父本染色体还会进行重组，从而使DNA分子在染色体配对阶段断裂并重新结合。因此，基因分离的程度甚至比整个染色体随机分配所达到的程度更高。受精时，精子和卵细胞结合在一起，它们各自提供一个染色体组，如此一来，受精卵细胞恢复了正常的染色体数。

细胞核中所有DNA的完整序列被称为“基因组”。除了少数例外，身体所有细胞的DNA都是相同的，因此可以使用任何组织的DNA样本来分析基因组。同一物种内的不同个体具有几乎相同的基因，尽管个体之间总会有一些基因存在细微差异，本书的后半部分将会重点阐述与此有关的内容。因此，我们有两种方式来讨论基因组：一是在忽略个体差异的前提下讨论“人类基因组”，二是在详细考虑个体差异的前提下讨论每个个体的基因组。

几乎所有动植物细胞都含有许多名为线粒体的小结构，它们负责细胞的能量产生。这些线粒体含有DNA，其中包含一些能够编码线粒体蛋白的基因。在漫长的进化过程中，线粒体曾是自由生存的微生物。这可以从以下事实推断得出：与核基因组中对应的基因序列相比，线粒体DNA的基因序列与现代细菌的基因序列更相似。在某个时期，线粒体的祖先被吞并到另一

个细胞中，以形成复合细胞或真核生物，这就是现代所有动植
25 物的共同祖先（这个过程被称为“内共生”，图8）。从那时起，真核生物就一直保留着带有自己DNA的线粒体。正如我们将在第四章中看到的那样，线粒体DNA对于追踪母系祖先非常有用，因为线粒体中任何已形成的基因变异都会通过母本传递给所有的后代。植物中进行光合作用的叶绿体也含有其自身的DNA，其序列也类似于细菌。同理，当所有植物的共同祖先吞并所有叶绿体自由生存的祖先时，便发生了第二次吞并事件。

基因组学

近年来，基因组测序技术取得了巨大的进步。如今，仅需几千美元，便可以非常迅速地测定出一个人完整的DNA序列。“1 000美元人类基因组测序”的预想将很快成为现实。许多动物、植物和微生物的基因组也已被测序，已经产生并将持续产生的数据量相当惊人。人类基因组包含约30亿个碱基对。两个个体的基因组略有不同，因此，每个测序的个体都会产生30多亿个碱基对信息。所有这些信息的存储、检索和分析都依赖于强大的计算能力，新学科“基因组学”应运而生。

一个典型的基因组所包含的非编码DNA序列要远多于编码DNA序列。目前已知的基因鉴定方法大多依赖于寻找那些编码长氨基酸序列而没有终止密码子的区域。此类方法并非绝对可靠，也不能检测出以RNA为最终产物的基因，因此，复杂生物的基因数量尚未明确。动物的基因数量在13 000个至30 000个之间，因此在这一点上，拥有大约20 000个基因的人类极具代
27 表性。植物的基因数量往往更多，大约在25 000个至45 000个

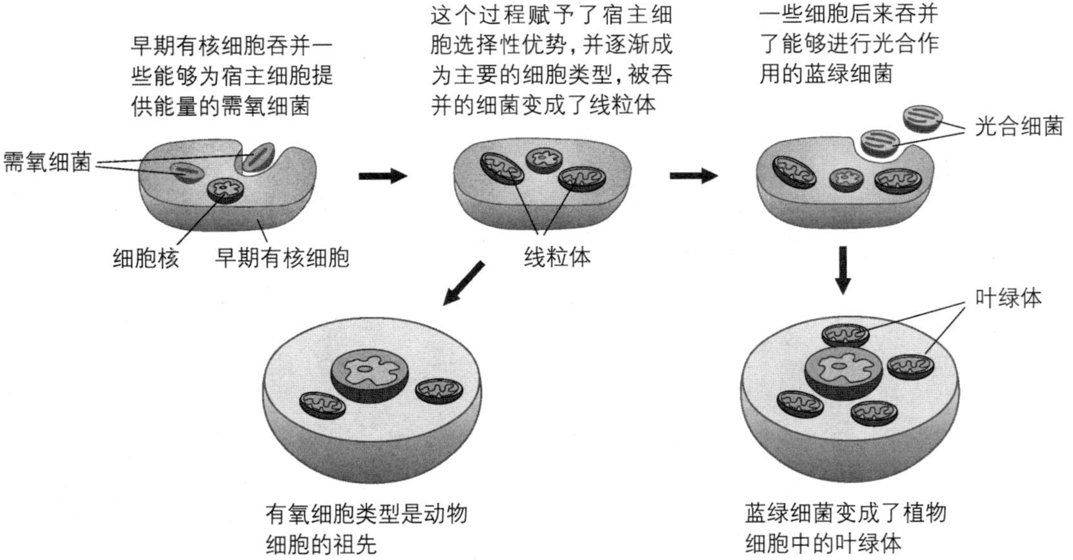

图8　内共生。线粒体和叶绿体起源于游离的活细菌，这些细菌在遥远的进化过程中被细胞吞并

之间。真菌的基因数量较少，约为5 000 ～ 11 000个，而最简单的生物细菌，仅拥有1 000 ～ 5 000个基因。

综上所述，整个基因组分析的便捷性在某种程度上拓宽了基因的概念。实际上，人类基因组中，只有约1.5%的DNA编码蛋白质，而许多关于基因组的研究不仅关注编码基因，也关注整个基因组，包括所有非蛋白质编码区域。个体差异可能与疾病易感性、人类迁徙或法医鉴定有关，但所检测的变异DNA序列不一定是功能基因。相反，它们是“标记”，从分子生物学的角度来看，它们不是基因，尽管其中一些可能会影响真正的基因的活动。正如我们将在后文提到的，基因的遗传性研究及其进化论与晦涩难懂的分子生物学之间相距甚远，因为大多数基因未曾被鉴定，甚至可能根本不存在。它们的存在是通过间接推理或简单的假设所得。因此，“基因是什么？”这个问题有很多答案，而了解问题的背景是得到答案的重要前提。

基因如何影响动物

在20世纪80年代至90年代，科学家们揭示了基因对胚胎发育的调控机制。这些机制极其复杂，但原理相当简单（图9）。本质上，不同的身体部位或细胞类型是不同的，因为它们表达了不同的基因组合。从单个细胞（受精卵）开始，动物的解剖结构逐步建立。发育的第一阶段为卵裂阶段，受精卵分裂形成差异不大的球形或片层细胞。但是，总是存在一些不对称性，这通常是由最初存在于卵细胞特定区域的某些物质所引起的，这些
28 物质仅遗传给某些子细胞。这种不对称所引发的结果是，处于类似细胞片层一端的细胞分泌出一种被称为诱导因子的化学信

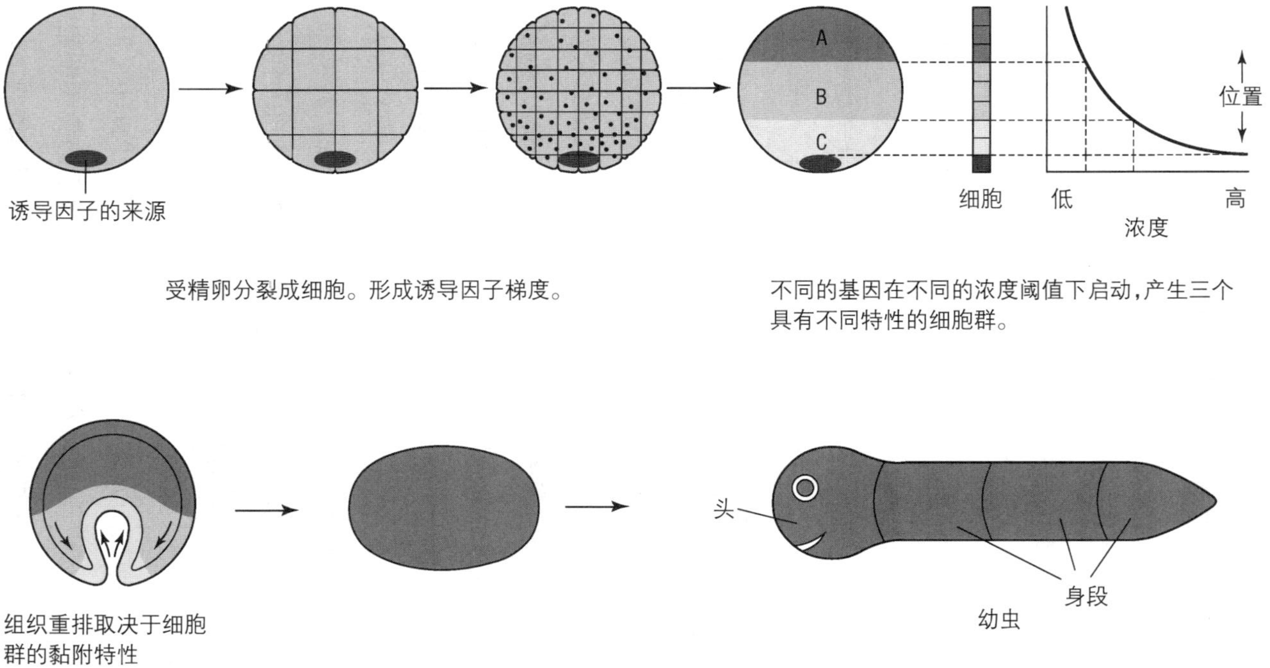

图9　发育。上图表明当胚胎发育时，基因如何在形成动物的解剖结构中发挥作用。上图是高度简化的示意图，但是表明了诱导因子的浓度梯度如何在不同区域激活不同基因。这些基因导致这些区域在细胞运动和生长方面表现不同。实际上，信号、应答和细胞运动有许多周期，而不仅仅是一个周期

29

号。释放的诱导因子形成浓度梯度，片层细胞则通过激活特定基因的表达来响应诱导因子的不同阈值浓度。这些基因通常编码转录因子，转录因子是控制其他基因表达的蛋白质。由于诱导因子浓度梯度的存在，早期细胞片层的不同区域会产生不同的转录因子组合。该过程生成了一个简单的空间模型，它由多种类型的细胞组成，每种细胞都位于不同的区域，这便构成了初级躯体图式。它比最初只有两种类型细胞（信号细胞和应答细胞）的原始情况更为复杂。

与动物的完整结构相比，动物体的初级躯体图式可谓非常简单，但是每个基本区域都会以相同的方式进行细分，相邻区域的梯度信号导致基因表达新边界的形成。通过五到六个细胞周期，便可以快速形成非常复杂的解剖结构。这些过程中所涉及的信号，以及响应这些过程而开启的基因，现已得到广泛鉴定。我们将上述的过程称为区域特异化，在这一过程中，其他有关发育的重要过程也会同时发生。细胞运动使单层片层细胞变为多层，并将特定区域作为细胞团块移动到相邻区域。受细胞分裂驱动的生长会增加胚胎的整体尺寸，而不同部分之间也会存在尺寸差异。区域特异化、细胞运动和细胞分裂的过程已广为人知，控制这些过程的大部分关键基因也已被鉴定出来。科学家们尚不了解的是发育的时间调控机制。我们仍然不知道为什么老鼠的发育速度比人类快得多，也不知道是否存在某种“主时钟”控制着发育。

尽管学界普遍认为人体的所有细胞中存在相同的基因，但也有一些例外，负责产生抗体和识别基于细胞感染的免疫细胞便是其中之一。控制这些过程的大型基因库建立在遗传的基础之上，然而，发育过程中的突变会显著增加其多样性。这就是为什么即使是同卵双胞胎也可能具有不同抗体反应。此外，还存在其他一些突变事件，特别是在神经系统发育过程之中，这些事件可能会促使个体之间产生差异。

通过研究青蛙、小鼠、果蝇和线虫在内的多种动物的胚胎，我们为发育的分子基础找到了解释。其中一项显著成果是：不同种动物的发育机制存在许多共同之处。从本质上讲，青蛙与人类运用相同的基因和诱导信号来调控发育，甚至果蝇也是如此。当然，它们并不完全相同，但是，当我们谈论人类和果蝇的“相同”基因时，我们指的是它们的DNA序列共享许多碱基，并产生具有相似生化功能和特异性的蛋白质。此类基因通常会有相同的名称。基因相似性源于进化的过程。所有动物的共同祖先中，某个基因经过了6亿余年的进化后，最终形成了人类和果蝇中的相似基因。尽管发生了许多突变，许多位置的碱基也都有所改变，但并非一切都发生了变化，即使基因之间存在较大差异，我们依然有机会辨认出它们之间的关系。

尽管植物细胞不会像动物细胞那样四处运动，但是相同的基本原则也适用于植物发育，因此，植物生长的茎尖或根尖中奠定的形成模式会一直保持不变。此外，植物发育所涉及的实际 31 基因和诱导信号与动物的基因和诱导信号完全不同，这表明动物和植物是从不同的单细胞祖先进化而来的。

业内一直存在的争论是，是否可以根据基因组DNA序列“计算”出生物的最终表型。对于一个完全未知的生物，我认为答案永远是“否”。尽管从某种意义上来讲，生物完全由其基因组控制分化，但发育涉及各种更高层次的过程，例如细胞信号转导和细胞运动，这需要在它们各自的层次上进行研究和理解。的确，如果有人给出一个未知基因的基因组序列，我们一般可以将其与已知的基因组序列进行对比，并根据亲缘关系来判断它是哪种生物。但是，对于其他行星或恒星上可能存在的生物呢？它们可能具有与我们相同的DNA，甚至可能具有相同的遗传密码和蛋白质种类，但是它们拥有完全独立的进化史。所以，仅通过了解DNA序列，尤其是当它包含数千个基因时，我们很难确定外星基因组编码的是哪种类型的生物。

虽然我们不太可能通过基因组预测整个生物体，但对于已经充分研究的生物体，我们可以准确预测其去除或添加特定基因后所出现的发育效果。这项技术在很多实验动物中都已实现，例如青蛙、鱼或小鼠。通常可以从动物的特定区域去除或增加基因的活性，并且在发育的特定时间进行干预。此类实验是当代发育生物学研究的重要内容。目前，有关基因变异如何影响生物体的研究方面，我们取得了显著进展。因此，毫不夸张地说，我们对基因组及其在发育过程中的控制机制有了全面且深入的了解。

人类基因组

人类基因组的完整测序始于20世纪90年代后期，完成于2003年。在技术远不如现在发达的20世纪末，这项由美国国立卫生研究院与英国惠康信托基金会等国际合作伙伴进行的工作耗资近30亿美元。分析基因组总序列是一项非常复杂的工作，直至今日，科学家们仍在完善生物信息学分析技术。测序结果表明，人类的基因组包含约30亿个DNA碱基对。基因鉴定的过程非常复杂，很难保证已经找到了所有基因，目前已知的数量约为20 500个蛋白质编码基因。令人惊讶的是，人类的基因数量与大多数动物（包括一些看似非常简单的动物）的基因数量差别不大，而且比许多植物的基因数量要少。有人认为20 500种蛋白质“不足以构建人体所有的复杂性”。但是，在经历了最初合成之后，由于内含子的去除方式和化学修饰不同，此类蛋白质会以多种形式存在。而且，涉及发育的那些基因还受到DNA中众多调控元件的复杂调控。此外，不同身体部位和不同类型细胞的发育特征由转录因子（控制其他基因活性的蛋白质）的组合来决定，仅几百种这样的蛋白质组合就构成了一个非常庞大的数量，远远超过了人类大脑中神经细胞的数量，因此，基因组当然拥有足够的资源来发挥作用。RNA编码基因的数量尚未确定，但是有一些预测表明它们可能非常多，这大大增加了人类基因组的整体复杂性。

基因组可以轻而易举地显示出进化过程中的每一步。“聪明的设计师”似乎不太可能将如此多的DNA用作没有功能的重复序列，这些序列约占总基因组的45%。然而，重复序列的存在可以通过进化过程中转座因子的插入、移动和复制来解释。转座因子在遥远的过去曾是病毒。一旦它们进入并整合到基因组中，DNA的性质将确保它们被永远复制，尽管控制移动功能部分通常会在几代后丢失。“设计师”也不太可能选择将少数基因插入自我复制的线粒体基因中，在此将会遭受氧化损伤以及DNA修复失灵，从而产生许多突变，其中一些突变对整个生物体还具有致命性。人类基因组还包括约15 000个“假基因”，这些基因不表达，但与功能基因一样都具有明显的序列性。经由基因复制，这些“假基因”产生于一个基因拷贝的多次突变。

所有这类从基因组测序中获得的信息表明，人类基因组经历了漫长的进化过程，这一过程部分是通过自然选择发生的，部分是通过遗传漂变发生的，在第六章中，我们将进一步讨论相关
34 概念。

第三章

突变和基因变异

一直以来，在分子生物学家眼中，“基因”是一种负责在代际间传递遗传信息并控制胚胎发育的媒介。从这个意义上来讲，基因决定了小鼠胚胎将会发育成小鼠而不是狗、水母或毛茛。在任意两个人的脱氧核糖核酸序列中，约有99.9%的基因组相同，仅有约0.1%的差异。当我们听到“癌症基因”、“北欧基因”或“高智商基因”时，它们所指的并非基因本身，而是基因之间的**差异**。生物学家将同一基因的不同版本称为“等位基因”，但在本书中，我将使用“基因变异”一词来表示。此类差异可能发生在基因组中的任何地方，尽管在任意两个个体之间，它们仅占据很小的一部分。基因在基因组中出现的位置称为“基因座”，它可能被正常版本或变异版本所占据。

总之，所有基因变异都来源于突变。无论你谈论的是哪个个体，在它的基因组中，大多数变异并不是新突变，而是从前几代继承下来的，但是，它们确实在过去的某个时间点来源于新的突变。因此，通常情况下，“基因变异”和“突变”这两个词可以

35 互换使用。稍后，我们将探讨种群内基因变异的本质，请先将您的注意力集中在“突变”上。

突　变

自从德弗里斯发现突变以来，我们逐渐了解到个体基因组的改变可能会突然发生。DNA双螺旋可以发生多种化学改变，其中任一种都可能成为突变。突变可以发生在生物体的任何细胞之中，但为了能够遗传，它们得发生在生殖细胞（形成精子或卵子的细胞）的DNA之中。在其他体细胞之中发生的突变或许也很重要，例如，它们可能会导致癌症的发展，但不能遗传给下一代。由于大多数DNA序列中的变化都是在DNA合成过程中所产生的，因此与静止的细胞相比，突变更易发生在分裂的细胞中。尽管突变的发生在生物效应方面是随机的，但在基因组中并非完全随机。此外，DNA序列中存在一些“热点”区域，这些区域或许反映出活性化学物质或修复DNA损伤的酶容易对DNA产生影响。

最简单的突变是将一个碱基替换为另一个碱基。这可以由完全随机的化学过程引发。例如，碱基鸟嘌呤通常以“酮”形式出现，但它偶尔会转变为不稳定的“烯醇”形式（图10）。G的烯醇形式不与C配对，而是与T配对。因此，当发生DNA复制时，T插入烯醇-G的对面。在下一轮复制中，T将与A配对，因此将产生永久且可遗传的变化。单一碱基的变化也可能由化学损伤所引起，我们将引起化学损伤的活性物质称为诱变剂，比如生物实验中常用的亚硝基乙基脲。它在G的第六位添加一个乙
36 基（C_2H_5-），使其与T配对而不是与C配对。在自然环境中，有

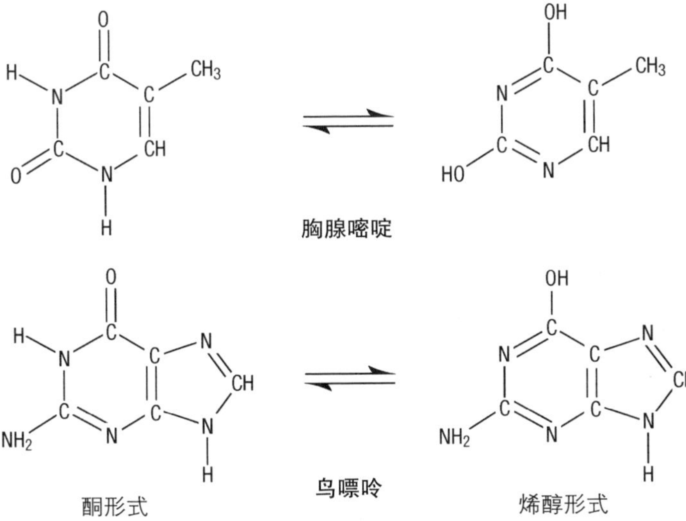

图10　酮-烯醇。DNA碱基中发生的化学结构的自发变化，可导致DNA复制过程中碱基的错配

许多以低剂量存在的诱变剂，例如香烟燃烧、食物加工以及食物霉菌所产生的诱变剂。这些变化依赖于相关的精细化学过程，在某些情况下，诱变剂与碱基的反应会导致错配，而在另一些情况下，会引起修复过程的开始，包括去除部分DNA链并重新合成新链以填补缺口。这个过程可能会引发错误，导致可遗传的突变。阳光下或美黑沙龙中的紫外线（UV）可以将相邻的胸腺嘧啶合并在一起，然后对其进行切除和修复，而这个过程可能会再次导致错误的发生。这就是紫外线引起皮肤癌的原因，尽管其影响主要局限于皮肤，而不是能够遗传给后代的突变。电离辐射（医学X射线或本底放射性）会引起双链断裂，这种断裂更难修复，并且在修复时会引发更多的错误。电离辐射具有很强的人体穿透力，因此可以导致生殖细胞以及身体其他部位细胞

37 产生可遗传的突变。DNA中多个重复序列的存在也使突变成为可能。在DNA复制期间，可能会发生配准变化，从而使重复次数增加或减少。尽管此类重复序列一般不会在蛋白质编码基因中存在，但这种变化可能会对邻近基因的活性产生影响。DNA可以产生异常显著的变化，以至于改变染色体的可见结构，而这种改变甚至可以在显微镜下看到，例如，一条染色体片段易位到另一条染色体上。然而，绝大多数的突变都是分子层面的，无法在显微镜下看到。

上述任何类型的突变并不一定会引起蛋白质的改变。要使蛋白质发生改变，突变必须处于蛋白质编码序列之中，并且需要改变一个或多个碱基三联体，将一种氨基酸变为另一种氨基酸。在发育生物学视角下，突变被归类为功能缺失型和功能获得型。功能缺失型突变会阻止蛋白质的合成，或者降低其代谢和功能活性。所以，只要该基因的另一份拷贝仍在正常工作，蛋白质的总活性就不会降低到50%以下。这通常足以维持正常功能，因此功能缺失型突变一般仅在基因的两份拷贝均受影响时才会显示出来。通常，当基因的两份拷贝都受影响时才显示出来的基因变异体，被称为**隐性**于正常版本的基因变异。相反，仅一份基因拷贝中出现变异就产生可见影响的变异体，被称为**显性**于正常版本的基因变异。如果50%的基因活性不足以维持正常功能，则一份功能缺失型基因拷贝的变异将产生影响，我们将其归类为显性，尽管两份基因拷贝的变异会产生更强的效应。功能获得型突变有多种类型，通常在遗传上都是显性的，许多意味着一个蛋白质的“固有活性”。例如，正常情况下，一个通过激素激活的细胞表面分子可能会发生突变，此时，无论是否存在激素，它始终都处于活跃状态。有些是“显性阴性”，会产生有毒的物质，它们通过形成无活性的分子复合物与正常基因拷贝结合，并使基因编码的产物失活。这两种类型的突变在遗传上都是显性的，都将发挥作用，无论该基因其他拷贝的性质如何。 38

近年来，全基因组测序技术的使用大大提高了计算人类基因突变的准确性。每代每个核苷酸突变的平均概率约为 1.2×10^{-8}。换句话说，任何人都可能携带约63个新突变。这些突变是在父母的精子或卵细胞发育过程中产生的。这里有一个有趣的不对称现象。女性的生殖细胞仅在其胚胎时期分裂，因此，女性在出生时便拥有了她一生中所有的卵子。与之不同的是，男性的精子是在其一生中不断由干细胞所产生的。因此，就平均情况而言，精子比卵细胞经历了更多的DNA复制循环。由于突变主要是在DNA复制过程中产生的，这就意味着个体遗传自父亲的突变要比遗传自母亲的突变多。冰岛的一项最新研究表明，每个人都从母亲那里遗传了大约14个新突变，从父亲那里遗传了55个新突变。此外，个体遗传自40岁父亲的新突变数大约是20岁父亲的两倍。尽管这与产妇年龄也有相关性，因为人们倾向于与相似年龄的伴侣结婚，但这主要是父亲形成精子的干细胞积累突变造成的。

种群中的基因变异

由于任一生物体的所有细胞都包含一个来自母亲的染色体组和一个来自父亲的染色体组，因此，它们都含有每个基因的两份拷贝。如果这两份基因拷贝相同，个体被称为**纯合子**，反之，
则被称为**杂合子**。如果一个基因变异相对于正常基因是隐性 39

的，换句话说，它的作用不能在正常基因存在的情况下显示，那么杂合子就被称为“携带者”，因为它们将“携带”的特征传递给子孙后代而并未在自身表现出来。当两个隐性突变的携带者交配时，25%的后代将是该变异的纯合子并显现其效应，50%的后代将遗传变异基因的一份拷贝并成为携带者，剩下25%则具有两份该基因的正常拷贝，正如图2所示的豌豆颜色的遗传。

由于基因变异大部分是从前几代遗传而来的，因此在整个种群之中，特定基因变异的频率通常远高于导致变异产生的新突变率。唯一的例外是，如果某个突变完全致命且完全显性，那么，所有获得该突变的个体都将无法繁殖，并且种群中的普遍性将等于突变率（每个基因约0.000 1%）。在群体之中，一个绝对致命但完全隐性的基因变异仅存在于约0.1%的个体之中，因为这个频率恰好能够平衡新突变和那些从携带者父母处继承了两份拷贝但无法繁殖的个体之间的关系。不绝对致命的基因变异可能会以更高的频率出现。实际上，许多基因变异是完全中性的，对携带者的繁殖能力没有影响。在这种情况下，它们的频率仅由从一个世代到下一个世代的随机抽样控制，范围从0到近100%。如果一个基因变异的频率实际上达到100%，就可以定义为正常形式（此过程将在第六章中呈现）。

除了基于新突变率的考虑之外，还有一些其他因素可能会影响种群中特定基因变异的频率。这个问题对于致病性突变尤为重要，它们的存在水平似乎超过了实现突变与选择平衡的预40期。例如，镰状细胞贫血是一种影响血红蛋白结构的常见疾病，血红蛋白存在于红细胞之中，主要负责运输氧气。镰状细胞贫血是由单核苷酸变化引起的，该变化将血红蛋白 β 蛋白第六位的谷氨酸改变为缬氨酸。在杂合子之中，50%的蛋白质仍然是正常的，所以几乎没有不良影响。但是在纯合子之中，所有的血红蛋白β蛋白均处于异常状态，更易于形成分子复合物，降低红细胞功能并将其形态改变为“镰刀”状。该疾病有多种致病机理。异常细胞会间歇性地阻塞血管，导致引发器官损伤的痛苦病症。患者往往因在早期失去脾脏功能而易感染。时至今日，即使有幸接受最佳治疗，患者寿命仍大幅缩减。在过去，患者不仅寿命极短，且几乎无法生育。若一种疾病对杂合子的影响相对较小，但对纯合子繁殖方面的阻碍较大，我们可以预期基因频率约为0.1%，患病率约为0.000 1%。但是，实际情况可能远高于此。在西非部分地区，基因频率约为20%，患病率约为4%。这是因为杂合条件本身赋予了个体选择优势，即提高对疟疾的抵抗力。疟原虫生存于红细胞之中，但在基因变异携带者中，红细胞比较脆弱，常在寄生虫繁殖之前破裂。在这种情况下，杂合子比任一种纯合子都更适合生存，从而导致有害基因变异频率变高。

历史因素是导致高变异频率的另一可能原因。例如，在德系犹太人中，泰-萨克斯病基因变异的频率高于预期，该病使得病患无法降解细胞表面的某些脂质成分，导致这些脂质在神经元中积累，最终引发早逝。在美国德系犹太人中，携带者的比例约为3.3%，受影响的新生儿比例约为0.027%。在泰-萨克斯病中，杂合子并没有已知的杂种优势，据推测，较高的发病率源于公元75年罗马人对犹太人叛乱的镇压，导致犹太人的人口发生严重的历史性减少。同样，犹太人人口大幅缩减也发生在1000年至1400年的大屠杀期间。如果少数个体通过繁衍产生了一个庞大的后代族群，那么个体携带的任何基因变异在后代族群之中都会被过度表达。最终，通过对于变异个体的自然选择将重新建立进化平衡，但是对于有害的隐性基因变异，这将花费很长时间，因为绝大多数突变基因是在无症状携带者身上。

囊性纤维化

隐性功能缺失型遗传病的一个相对常见类型是囊性纤维化。它是由导致蛋白质活性丧失的基因突变所引起的，该蛋白称为囊性纤维化跨膜转导调节因子（CFTR）。*CFTR*[1]基因的序列特别长，因此非常容易发生突变。CFTR蛋白负责氯离子跨细胞膜的运输，通常存在于几种组织的细胞之中，尤其是肺和胰腺。因此，这种疾病会以多种方式呈现。在肺部，氯离子运输的减少会增加黏液的分泌并降低其清除率。这不仅导致呼吸困难，也增加了呼吸道感染的风险。在胰腺方面，消化酶的分泌效率会大大降低，导致器官损伤和消化问题。此外，男性患者通常由于胚胎期间精子导管发育失败而不育。

许多不同的基因变异会引起囊性纤维化，但它们均通过降低CFTR蛋白的功能发挥作用。全世界最常见的变异是由三个核苷酸缺失导致的蛋白质序列中第508位缺少一个苯丙氨酸所致（该突变称为ΔF508）。不同的突变会引起不同程度的功能丧失，从而造成疾病的严重程度不同。例如，具有两个基因拷贝的轻度突变并保留了5%的蛋白质功能的患者仍然表现出男性不育，但肺或消化道没有受到重大影响。那些保留了10%以上正常

① 根据书写规则，基因符号用斜体书写，其对应的蛋白符号用正体书写。——编注

活力的双基因突变体的患者则完全没有表现出任何显著异常。

囊性纤维化基因变异在全球各地的发生频率存在显著差异。该病在亚洲非常罕见，但在欧洲则相对普遍。例如，在英国，每25个人中就有1个人携带一种突变的一个基因拷贝。这意味着，每50个精子或卵子中就有一个含有引起囊性纤维化的基因变异，因为生殖细胞在形成时会随机地遗传父本或母本的染色体。在随机交配的情况下，这意味着大约有1 /（50×50）的概率会致病，即每2 500个人中就有1例。在英国，75%的囊性纤维化突变体属于上述的ΔF508型。直到现在，没有一个患有严重（ΔF508型）的囊性纤维化的个体能够存活到生育年龄，可以说，对于如此严重的疾病来说，这一变异的发生率非常高。据推测，杂合状态可能对于欧洲某些普遍存在的、导致显著死亡率的传染病提供了保护。但是，目前尚无确凿的结论支持这一观点。

早在1989年，囊性纤维化基因就被鉴定并克隆出来。当时，人们希望能够将正常基因导入患者的气管以治愈该疾病。不幸的是，由于将基因转移到气管细胞中的效率低下，以及机体对用于基因传递的病毒产生免疫应答反应，这一设想至今未能实现。同时，尽管囊性纤维化基因已经被鉴定出来，但针对该基因产物的新型靶向药物疗法仍在研发之中。不过近几十年来，传统的治疗方法获得了长足进步。在20世纪50年代，患者多在婴儿期夭折，但如今，通过良好的物理治疗、感染控制和营养支持，患者的中位生存期已延长至成年中期。尽管如此，该病依然给患者带来极大痛苦，治疗过程也非常艰辛。人们急切地期盼着将来能够开发出有效的基因治疗方法。

43

血友病

血友病也是一种众人皆知的遗传疾病。与囊性纤维化不同，血友病通常只影响男性。该疾病有两种主要类型：A型血友病是由于缺乏Ⅷ因子的蛋白质；B型血友病则是由于缺乏Ⅸ因子的蛋白质。这两种蛋白质通常都存在于血液之中，对血液凝固机制的正常运作至关重要。因此，血友病患者往往缺乏或者几乎没有凝血能力。当患者受伤时，这一能力的缺乏会引发许多问题，并常会导致内出血。血液渗入关节会引起关节炎，流向大脑则会引发卒中和猝死。

人们通常认为，具有遗传性的疾病无法治愈。然而，事实并非如此。通过定期输注适当的蛋白质Ⅷ或Ⅸ因子，血友病得以治愈。然而，这种治疗方法成本高昂；截至目前，年治疗费用约为30万美元。在现代疗法出现之前，大多数血友病患者会在童年夭折，但现在，他们的预期寿命已接近正常。Ⅷ和Ⅸ因子过去是从献血者混合的血液之中提取的，不幸的是，在20世纪80年代艾滋病开始流行时，这导致了许多血友病患者因感染病毒而身亡。直至引入通过重组DNA方法制备的Ⅷ和Ⅸ因子之后，这个问题才得以解决。在基因疗法实验中，实验人员将正常的基因拷贝导入肝脏，肝脏可以正常合成这两种蛋白质。就目前的情况来看，基因疗法很可能会成为首选的治疗方法。

Ⅷ和Ⅸ因子编码基因的多种突变都可能导致血友病，不同类型的突变可引起蛋白质功能不同程度的丧失，疾病严重程度也因此存在显著差异。约1/3的病例是由新突变造成的，约2/3的病例遗传自父母的基因突变体。A型血友病的发生概率约为

1/10 000，B型血友病的发生概率约为1/50 000。为什么血友病患者几乎都是男性？这是因为两个致病基因都位于X染色体上。与所有哺乳动物一样，人类雌性有两个X染色体，雄性有一个X染色体和一个Y染色体。因此，如果女性具有功能缺失型的血友病基因变异的一个拷贝，她将合成50%的正常凝血因子，这足以满足大多数需求，因此她将是一名无症状的携带者。她的女性后代有50%的机会遗传突变的X染色体，如此一来，她们同样会成为携带者。她的男性后代也有50%的机会遗传突变染色体，但是所有遗传了突变染色体的男性后代都会患上这种疾病。这是因为男性的另一条性染色体是来自父亲的Y染色体，不包含编码Ⅷ或Ⅸ因子的任何一个基因。因此，在X染色体上具有血友病基因的男性在凝血因子合成上存在缺陷。女性并非没有患血友病的可能，但要达到这一点，她需要遗传两个突变基因拷贝。这意味着她必须是一个血友病男性和一个携带者女性的女儿，这显然是一个相当罕见的情况。当然，患血友病的父亲不能将血友病基因遗传给儿子，因为儿子只能遗传父亲的Y染色体而不是X染色体。由于X染色体上的大多数基因在Y染色体上不存在，所以这些基因导致的突变，会引起许多其他与性别相关的疾病，而这些疾病都更常发生在男性身上。

血友病基因最著名的携带者是维多利亚女王。她携带了一种B型血友病的新型突变，该突变可能源于她母亲的产卵细胞。她将疾病遗传给了自己的儿子利奥波德，后者又将其遗传给了女儿爱丽丝。爱丽丝的儿子鲁珀特亲王因车祸出血过多而亡。利奥波德本人则因摔伤去世，享年30岁。维多利亚女王还将血友病基因变异遗传给了自己的女儿，她的女儿也叫爱丽丝，后来成

图11　罗曼诺夫家族。坐在中间的男士是沙皇尼古拉二世，俄罗斯最后一位沙皇。站在他身后的戴皇冠的女士是亚历山德拉·费奥多萝芙娜皇后，她是B型血友病的携带者，这一遗传疾病源自她的外祖母维多利亚女王。站在旁边的男孩是他们的儿子阿列克谢·尼古拉耶维奇，他是血友病患者

为俄国皇储阿列克谢·尼古拉耶维奇的外祖母（图11）。因此，阿列克谢也患有血友病，不过他并非因病去世，而是遭受处决。2009年，通过对沙皇家族骨骼中提取的DNA进行测序，研究者证实了阿列克谢患有B型血友病，他的母亲亚历山德拉·费奥多萝芙娜和姐姐阿纳斯塔西娅都是携带者。维多利亚的女儿
46 比阿特丽斯也是携带者，这导致了她的外孙们，两位西班牙王子——阿方索王子和冈萨罗王子都患有血友病，并因车祸大出血而去世。

软骨发育不全

功能获得型显性突变疾病的一个众所周知的例子是软骨发育不全，它是人类侏儒症中最常见的类型。主要表现为身材矮

小，即手臂和腿部异常短小，还有其他一些骨骼异常，例如明显的前额突出和腿部弯曲。软骨发育不全是一种发育异常疾病，是由编码特定生长因子受体（成纤维细胞生长因子受体3，简称FGFR3）的基因突变所引起的。成纤维细胞生长因子（FGF）在胚胎发育的过程中非常重要，它们的作用是激活FGF受体，这些受体是细胞表面的分子，可向细胞发送生化信号以调节多种基因的表达。引起软骨发育不全的基因变异使受体始终处于活跃状态，而不仅仅是在FGF与之结合时才活跃起来。FGF具有许多功能，但在骨骼发育过程中，它们通常会减缓软骨和骨骼的生长。因此，如果受体过度活跃，抑制作用会增强，从而导致骨骼发育异常，尤其是四肢长骨的缩短。因为缺陷是由过度活跃的蛋白质所引起的，所以异常突变体在遗传上比正常形式占优势，并且仅需要一个基因变异拷贝即可导致该症状。

软骨发育不全在新生儿中的发病率约为1/20 000。囊性纤维化的大多数病例是由种群中已经存在的基因突变体聚集而导致的，与之不同，在软骨发育不全的病例当中，约有80%来自新突变。几乎在所有的软骨发育不全病例当中，*FGFR3*基因的第1138核苷酸位都发生了点突变，从而导致了蛋白质第380位的甘氨酸被精氨酸所取代。有趣的是，几乎所有这些新突变都来自父亲。如前所述，部分原因在于形成精子的干细胞经历了大量的分裂过程，且每次DNA复制都存在突变的持续风险，因此所有突变更可能源自父亲。软骨发育不良的风险与父亲的年龄之间确实存在着显著相关性。但是，仅凭这种认知并不足以解释母亲缺乏这种突变的原因。在FGF受体发生组成性突变的情况下，可能对形成精子的干细胞有一些优势。例如，可能会增加它们的分裂速率，使它们更有效地产生精子；也可能直接影响到精子本身，使它们在运动能力和存活能力方面得到增强。FGF受体具有多种功能，通常可以刺激细胞分裂，然而在软骨中，FGFR的活性会减缓细胞分裂。

有些患者的软骨发育不全是从患有软骨发育不全的父母那里遗传而来的。这种病症并不会阻碍繁殖，因此受影响的个体依然可以生儿育女。对于显性基因变异而言，因为生殖细胞可能随机携带正常基因或突变基因，该基因传递给后代的概率为50%。软骨发育不全患者通常会结婚。如果父母各自携带有一个突变基因，那么孩子患有软骨发育不全的风险率为75%。但是，这些孩子中的1/3（占后代总数的25%）将携带两个拷贝的突变基因。与那些携带一个突变基因的人相比，双基因突变的个体受到的影响更为严重，他们往往在子宫内或出生后不久离世。

请注意，传统观念下的遗传疾病指的是从父母和祖父母那里遗传而来的疾病。但是，由于大多数软骨发育不全是由新突变所引起的，因此，尽管这种疾病具有遗传性，却并不是传统意义上的遗传疾病。

心手综合征

与本书提到的其他疾病不同，这种疾病可能不为大众所熟
48 知。有关它的首次记录是在1960年，它是一种非常罕见的疾病，发生率约为1/100 000。但是，它呈现出许多有趣的特征。这是一种显性的发育障碍，会影响手臂（但不影响腿）和心脏。患者通常表现为腕部骨骼异常，缺失手臂的长骨，并且长出多余的手指。他们的心脏则会存在房间隔缺损、室间隔缺损的情况。突

变发生在编码转录因子TBX5的基因中。转录因子是以特定方式控制其他基因活性的蛋白质，其中约有200个对胚胎发育至关重要。转录因子基因的活性由控制早期胚胎分化的分级诱导信号调控。随后，它们会激活许多其他基因。一个转录因子控制着许多基因，每个基因通常会受到几种转录因子的调控，因此发育程序的“线路图”错综复杂。根据发育生物学家的研究鉴定，我们已知*Tbx5*对于前肢（而非后肢）和心脏的正常发育是必不可少的（图12）。一旦了解了这些发育方面的事实，再看到该突变基因携带者出现前肢和心脏缺陷时，也就不足为奇了。然而，在此之前，心手综合征的临床症状令人困惑不已。*Tbx5*基因中的多个突变都可以引起心手综合征，其中大多数突变会降低或者摧毁蛋白质的功能。在这种情况下，遗传优势开始显现，因为

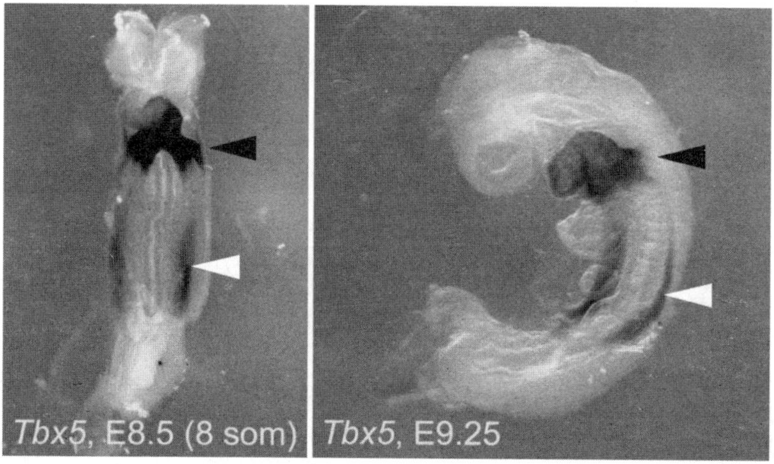

图12 *Tbx5*基因。早期小鼠胚胎中*Tbx5*基因的表达。深色斑点代表了通过一种称为原位杂交技术可视化的基因活动区域。我们可以看到发育中的心脏（黑色箭头所指）和四肢（白色箭头所指）的活动。E8.5和E9.25表示的是胚胎的孕龄，单位为天

50%正常基因的活性并不够用，因此，从父母那里遗传一个无活性基因拷贝就会导致该疾病的产生。心手综合征不是致命的，一部分病例遗传自患病父母的基因变异，也有不少病例由新突变导致。基于对小鼠中相同突变的研究，我们认为，遗传了两个拷贝的突变基因并因此缺乏所有*Tbx5*功能的个体很可能会在妊
49 娠初期夭折。

遗传易感性与癌症

迄今为止，我们在本书中所提到的遗传疾病都是由单个基因的单一突变所引起的。在这种情况下，异常基因变异的遗传遵循简单的孟德尔遗传定律，只要遗传顾问知道父母的基因构成，就可以准确地预测其后代患病风险。但是，大多数具有遗传组成的人类疾病并非如此简单。通常情况下，基因组中多个位置的基因变异都会小幅或适度增加不良结果的总体风险。在第五章中，我们将一同探究如何理解这些病例的基因变异。现在，我们来讨论一个非常有趣且重要的例子：癌症的易感性。

癌症在很大程度上是一种遗传疾病，但通常并非遗传自父
50 母。之所以说它具有遗传性，是因为细胞DNA的显著损伤是引发癌变的必要条件。但是，绝大多数癌变是因为人体各功能组织的细胞DNA受损，而非生殖细胞（即形成精子或卵子的细胞）。只有生殖细胞之中的突变才能遗传给后代。普通人体细胞中所发生的突变无法传递给后代，但是，它们会在细胞分裂过程中传递给子细胞，而这可能对个体本身产生影响。

我们的身体含有大量正在分裂的细胞群，特别是形成血液、皮肤和肠内膜的干细胞。每次复制DNA时，在细胞分裂之前，

都有发生突变的风险。某些类型的突变会导致细胞癌变，即无限制地分裂并扩散到身体的其他部位。最终，原发性或继发性肿瘤的生长会对器官造成足够的机械损伤，从而导致个体死亡。经过对其突变性质的深入研究，研究者发现引发癌变的突变类型有许多种，包括刺激细胞分裂的突变，降低对分裂抑制剂的敏感性的突变，抑制细胞死亡的突变，促进临近血管生长的突变，以及破坏DNA修复机制的突变，这也促进了新突变的产生。大多数癌症的发病率会随着年龄的增长而急剧增加，大约与年龄的四次方或五次方成正比。这是因为细胞癌变需要几个特定突变的共同作用，从一个细胞中收集五到六种此类突变的概率会随着时间自然增加。大多数癌症是由于这种突变的积累而产生的，并且大多源自纯粹的随机因素：自发的化学变化、自然背景辐射、呼吸引起的氧化损伤等。这就是1/3的人会死于癌症的原因，即便出现某种奇迹疗法可以根除心脏病、卒中和肺炎，人类的寿命增益也将是有限的，因为随着年龄的增长，癌症的发病率会急剧上升，人类终将死于癌症。

有一些相对常见的基因变异在癌症易感性方面发挥着重要作用，但并不会像缺乏*CFTR*导致囊性纤维化那样起到决定作用。例如，*BRCA1*和*BRCA2*基因（发音为braka）中的突变会增加患乳腺癌和卵巢癌的风险。对于女性来说，乳腺癌的普通生命周期风险率约为12%，但当她携带*BRCA1*或*BRCA2*突变基因时，这一风险率将增加到50%或更高。与之类似，卵巢癌的普通生命周期风险率约为1.4%，但若携带*BRCA*突变，这一风险率会增加到40%。此外，对于男性来说，前列腺癌的患病风险会显著增加；不论男女，结肠癌的患病风险会显著增加。

如果没有DNA修复机制，突变率将比现在高得多。BRCA1和BRCA2都是参与DNA损伤修复的蛋白质，它们的变异会影响该过程的有效性，进而增加突变率。*BRCA1*和*BRCA2*存在许多变异，其中大多数会导致蛋白质的功能降低。这或许说明它们是隐性的，因为在另一条染色体上仍然存在该基因的正常拷贝。但是，就个体层面而言，它们实际上又是显性的，因为携带一个不良拷贝便会额外增加癌变的风险。

针对此过程的一种研究视角是，一个细胞要成为癌细胞，可能需要发生六个特定的突变。尽管人体所有细胞一直都在经历突变，但是由于人体总共含有超过10^{13}个细胞，因此在同一细胞中收集六个特定突变需要很长时间，甚至有永不发生的可能性。然而，如果一个女性由于遗传原因已经在体内所有细胞中都携带了功能缺失型的基因变异，那么她的癌细胞的出现或许只需要五个突变。尽管对于任何单个细胞而言，发生这种情况的可能性很低，但是对于整个身体而言，这意味着癌变的风险将显著增加。这就是为什么*BRCA*突变在整个个体水平上是遗传“显性”的，而在单个细胞水平上却是隐性的。实际上，许多携带*BRCA*突变的乳腺癌女性患者都失去了该基因的正常拷贝，使得肿瘤细胞中完全没有BRCA功能。一旦发生了这种情况，肿瘤内的突变率会显著增加，恶性转化的风险也会进一步提高，从而导致肿瘤更快地生长或扩散到身体的其他部位。

我们已知某些癌症与特定病毒感染有关。在这种情况下，病毒通常会导入一个基因，从而类似于癌症发展所需的一种突变。但是，并不是每个受病毒感染的细胞都会癌变，因为病毒诱导的癌症还依赖于宿主中其他突变的发生。

*BRCA*基因的例子非常重要——乳腺癌和卵巢癌都很常见，所以患病风险的增加对于相关个体来说是一个严重的问题。也许我们应该对所有人进行这些突变的筛查。不幸的是，这两个基因都存在许多不同的突变，因此对所有突变进行筛查非常困难。即便对基因进行了测序，我们也无法确保在编码区之外没有抑制基因活性的突变发生。不过，我们可以对拥有癌症高发病率家族史、已知携带*BRCA*突变基因的个体进行筛查，以检测特定突变的遗传路径。目前，已有许多地方实施了这一策略。

更复杂的基因变异

本章中的例子都是关于人类种群中特定基因的变异，研究
者已经知道了这些基因的功能，以及其突变所产生的明确后果。 53
对于上述内容的理解是遗传学的重要成就，它们阐明了有关基因是什么以及它们如何工作的多个原理。但是，大多数基因变异并非属于这种类型。在第五章和第六章中，我们将探究一些其他的情况。在这些情况下，人类或动物的重要特征似乎具有遗传成分，但很少或没有特定的基因被鉴定出来。也许，上文的例子说明，单个基因控制生物体特定特征的简单模型可能是个例而非常规，总体而言，遗传更多地表现为数量特性，涉及成千
上万的基因，单个基因的影响力微乎其微。 54

第四章

作为标记的基因

许多突变对生物体有害，极少数对生物体有利，但绝大多数DNA变化不会显著影响生物体的繁殖适应性。上一章所讨论的遗传变异是一些选择特例，这些变异确实会影响特定基因并直接导致疾病。但是大多数遗传变异都不会影响基因的功能或活性。这是因为突变大多发生在基因区以外，那些序列并不编码蛋白质。即使发生在编码区内的变异也不一定起作用。因为编码20种氨基酸的核酸三联体共有61个，有一些三联体是“同义的”，即编码相同的氨基酸。引发一个三联体转换为另一个同义三联体的突变不会影响蛋白质的结构。关于遗传变异在多大程度上对生物体没有影响（“中性”）以及是否存在长时间尺度上的小效应，学界一直存在争论。有些学者坚持认为，每个人携带的遗传变异数量如此之多，若这些变异都具有有害效应，那么将会严重降低人类的生育力。另有学者认为，变异（即使不是实际基因中的变异）也可能通过间接影响基因功能而对生育力产生
55 微弱的影响。这些争论仍未平息，尤其是关于基因组是否编码

非翻译RNA，以及这些RNA是否具有功能，学界尚无定论。但是，我们已得到一个保守的初步结论，那就是大部分遗传变异是中性或接近中性的。

在遗传学中，“基因座”一词表示DNA中的一个位置，这与基因变异的属性无关。每个变异之所以存在，是因为在过去的某个时间点，在某单个个体的单个生殖细胞中发生了突变。对于那些对生物体产生中性影响的突变来说，它或基因座的正常版本是否能够遗传给下一代，纯属偶然。不仅如此，偶然性还将进一步决定它是否会在后代中变得更普遍，或者变得罕见并最终从种群中彻底消失。在生殖细胞中频繁发生的大量突变中，仅有极少数最终会因为偶然性在整个种群中扩散并成为基因的正常版本。

尽管绝大部分的遗传变异不影响生物体或其生育力，但它仍然具有极大的研究价值。有关人类遗传变异的研究，推动了几门新科学的产生。特别是在法医学中，个体变异的研究可以用于识别个人身份，这对于法医鉴定、亲子鉴定以及其他有关家庭关系的信息鉴定都有着非常重要的应用价值。此外，遗传变异还为人类在历史上和史前时期的迁徙研究提供了证据。最后，遗传变异还能协助生物学家探讨人类种族差异的棘手问题，确定种族认知的生物学基础。

在这种语境之下，“标记”这个名词常用来指代基因变异。当我提及区分个体或种族的“基因”时，我会使用标记，因为它们中大多数的功能还处于未知状态。本章，我们将重点介绍标记：标记可以通过DNA测序仪进行测序，从这层意义上来看，它 56
是真实存在的实体；而从具有特定功能的蛋白质编码基因的意义上看，它们则不是上一章所描述的必要“基因”。

法医鉴定

原则上，许多类型的遗传变异都可以用于个体鉴定。但是，用于刑事诉讼的方法必须非常稳定可靠，因为高度标准化对于创建国家数据库和开展大数据分析必不可少。基于这些原因，法医学重点研究了一种被称为简单串联重复序列（STR）的标记类型。STR是非常简单的DNA序列，长度为3到5个核苷酸，它们会成为多个重复的拷贝，紧密相邻地排列在一起。在特定的基因座上，通常会有5到30个拷贝首尾相连排列（即串联排列）。在特定的基因座上，重复的次数在不同个体之间差异很大，并且稳定遗传。在漫长的进化历程之中，这类基因座的拷贝数目变化（突变）的频率非常高，因此，人类种群之中存在大量的遗传变异。例如，对于一个个体而言，其来自父本的染色体在一个特定基因座上携带10个拷贝的四核苷酸STR，而相应的母本染色体则带有12个拷贝。这意味着他的DNA样本将含有等量的长度为40（4×10）和48（4×12）的核苷酸序列。这些40和48核苷酸长度的变异都遵循简单的孟德尔式遗传。其他个体可能在同一基因座具有不同的长度变异，例如8和9，或13和16，又或10个核苷酸的2个拷贝。基因组中特定基因座STR长度的测量是通过一种称作聚合酶链式反应（PCR）的技术实现的。在这里，通过化学合成方法来制备短DNA序列，该序列与基因座两侧非重复DNA互补。短DNA序列可以通过DNA聚合酶和
57 四种三磷酸脱氧核苷（dNTP）来启动DNA复制。PCR反应包括DNA复制的循环、双链解旋以及合成引物与模板链的结合。最终结果是在目标基因座上合成了大量的DNA拷贝。通过适当的技

术（如毛细管电泳）来分离反应产物，并且通过获得产物的分子大小来确定此DNA样本在该基因座上的重复次数。

如果仅检查一个基因座，许多个体将共享相同的标记，但是如果检查多个基因座，那么任意两个个体中基因座随机匹配的概率将下降，直到百万比一。多年间，DNA的法医鉴定技术持续发展，到了2000年初，基于检测一定数量的含有不同STR的基因座这一操作方式，该技术愈发标准化。在美国，法医DNA数据库是根据一组包含13个基因座的数据集来编制的。英国是10个，德国是8个。此外，一套包含7个基因座的标准数据库则被用来比较欧洲不同数据库之间的结果。除了STR外，标准测试还包含一个实际基因来进行性别鉴定。这是一个编码牙釉原蛋白的基因，与牙釉质的产生有关。它在X和Y染色体上以不同的长度变异出现，因此可以通过检测其长度来鉴定性别。截至2012年，拥有约600万个个体数据的英国国家DNA数据库成为世界上最大的数据库。该数据库之所以如此庞大，是因为在英国，DNA样本通常是从被捕者中收集，而这在其他国家是不常见的。尽管现在应该删除数据库中无罪人员的样本，但这项工作一直难以高效实施。如此庞大的数据库确实引发了有关隐私和公民自由的问题，但是，迄今为止，因其侦查犯罪的有效性，英国民众似乎已经默许了该项措施。通过该数据库筛查犯罪现 58
场样本时，找到匹配样本的可能性约为50%。

STR的法医应用似乎是一种非常有效的侦查方法。但是，仅凭DNA证据定罪或许并不明智。第一，样本通常很少，存在损坏或部分降解。这意味着扩增反应无法正常进行，导致某些标记被忽略。第二，样品中可能含有不止一个个体的DNA，从而产生混合的DNA特征。第三，基于数据库中选择的个体样本均为独立随机这一假设，匹配概率通常都非常低。显然，亲属之间很可能会共享一些标记，因此，对于特定的人群子集，概率并不总是像乍看起来那样低。第四，数据库越大，因偶然性而完全匹配的可能性越大。对于一个没有参与犯罪的人来说，在无其他证据的情况下，基于DNA匹配而被指控存在犯罪行为的情况极其令人不快。面对几百万分之一概率的DNA特异匹配结果时，想要证明自己的清白，无疑要承受巨大的压力。

从积极的角度来看，在许多著名的刑事案件中，DNA指纹技术帮助犯罪嫌疑人定罪或免罪的案例也很多。只要有合适的样本，还可以进行案件的重新审查。一个著名的案件是詹姆士·汉拉泰案，他是英国最后一批被合法处决的罪犯之一。汉拉泰在劫持了迈克尔·格雷格斯滕的汽车之后，强迫他驶向A6公路并将其谋杀（本案因此被称为“A6谋杀案”），汉拉泰最终被判犯谋杀罪。案发当时，格雷格斯滕的情妇瓦莱丽·斯托瑞也在车上，她不仅被汉拉泰强奸，还遭受了四次枪击，最终导致
59 瘫痪。1962年，汉拉泰被定罪并处以绞刑。这是一个复杂的案件，多年来争议不断，极端拥护者坚称汉拉泰是清白的。2002年，汉拉泰的尸体被挖掘出土，并采集了DNA样本。事实证明，在没有发现其他DNA的前提下，他的DNA与斯托瑞的内衣和包裹谋杀武器的手帕上的样本相匹配。基于此，上诉法院的法官认定汉拉泰的罪行“毋庸置疑”。

用于刑事调查的方法同样也可用于其他类型的身份鉴定。一种常见的应用是亲子鉴定。婴儿约有50%的标记来源于母亲，50%的标记来源于父亲，因此，如果假定的父亲与婴儿在每

个基因座上都有一个相匹配的标记，那么他是真正父亲的概率极高。这个方法同样适用于解决移民纠纷，具体而言，它可以判断某人是否为合法居民的一级亲属，是否有权获得居住权。另一个应用是鉴定灾难受害者，例如在空难或大屠杀中，许多遇难者的尸体无法识别。因此，需要提供家人的DNA样本，或事故本人灾难前的DNA样本。身份识别基于以下原则：一级亲属（父母、子女、兄弟姐妹）共享标记约50%，二级亲属约25%，依此类推。在所有涉及亲属DNA比较的应用中，值得注意的是，新的突变随时有可能发生，这导致子女在突变位点上的标记与父母不匹配。此外，在非生殖细胞中发生的突变，尤其是胚胎早期发育过程中发生的突变，将会存在于身体的大部分细胞之中，这意味着一个个体可能生成看似混合的样本。

祖先与迁徙

近年来，基因变异的检测已广泛应用于推理人类祖先和迁徙历史的研究。这些研究主要使用了Y染色体上的中性变异 60
（特定存在于雄性谱系遗传），以及线粒体DNA的中性变异（特定存在于雌性谱系遗传）。这是一个容易引起误解的领域，为避免误解，我们有必要了解这些标记的遗传与基因组中其他标记的遗传有何不同。

线粒体DNA

线粒体是存在于所有类型细胞中的小细胞器，通过对代谢产物的氧化来产生能量。尽管构成线粒体的大多数蛋白质由核基因编码，但线粒体也含有自己的DNA（简称mtDNA），可以编码某些线粒体结构蛋白和RNA分子。线粒体可以与含有它们的细胞一起生长和分裂，它们的DNA也可以复制，因此每次线粒体分裂时，一些线粒体DNA拷贝就会分配到新的线粒体之中。基于以上这些事实，以及mtDNA与细菌DNA的相似性，人们认为线粒体是从细菌进化而来（见图8）。通常，体内的所有线粒体都具有相同的DNA序列，但两个或更多序列同时存在的情况也并不少见。由于每个线粒体都包含多个DNA分子，而每个细胞都包含许多线粒体，因此线粒体DNA中任何特定基因座的总体丰度都高于核DNA，因为在核DNA之中，每个基因只有两个拷贝。因此，从降解的样品（例如考古标本）中回收一定量的mtDNA比回收核DNA更为容易。

与从父母双方等量遗传的核DNA不同，mtDNA仅由母亲遗传给下一代。这是因为精子的线粒体在受精后不久便被破坏，只有卵子中的线粒体可以保存下来。线粒体DNA的突变率
61 比染色体DNA的突变率高得多，这主要是因为线粒体DNA修复系统不够完善。如果发生突变，随着每次细胞分裂中线粒体的随机分配，这种突变可能会丧失。但是，也存在一些小概率的情况，突变因偶然性得以扩散，直至成为整个线粒体DNA中该基因座的正常版本。这个过程主要发生在雌性生殖细胞发育的早期阶段，此时，未来的母体本身还是一个胚胎。在此阶段，胚胎中每个新形成的生殖细胞内只有少量线粒体，因此新突变成为正常变异的可能性相对较大。

综合母系遗传、高拷贝数和高突变率这些特征，mtDNA已被广泛应用于祖源追踪领域。此领域的研究技术发展迅速。如今，线粒体基因组测序已经十分普遍，该序列非常小，仅有

16 569个碱基对。与之相反，在过去的一些研究中，研究者仅对高度变化的非编码区进行了测序。

如果比较来自不同个体的大量DNA序列，某些序列会比其他序列更为相似，我们可以根据整个序列比对结果构建“家谱图”。不同的算法使用不同的计算方式来制作这些家谱图，但总体上，我们认为越相似的序列越相关。每个序列可以根据其在可变基因座上携带的特定标记组来识别。这就是所谓的“单倍型”。由家谱图的一个分支产生的一组单倍型组成一个“单倍群”（图13）。这些单倍群是嵌套的，使得源自图谱顶部分支的单倍群成为下部单倍群的起源。例如，在图13中，编号1突变出现在祖先序列中，包含突变1的完整序列被视为“单倍群1”。由于第2、3和4号突变出现在谱系的后面，因此也可以通过它们 62
定义单倍群，每个单倍群都是单倍群1的子集。对于染色体的DNA（Y染色体除外），由于减数分裂过程中发生染色体断裂和

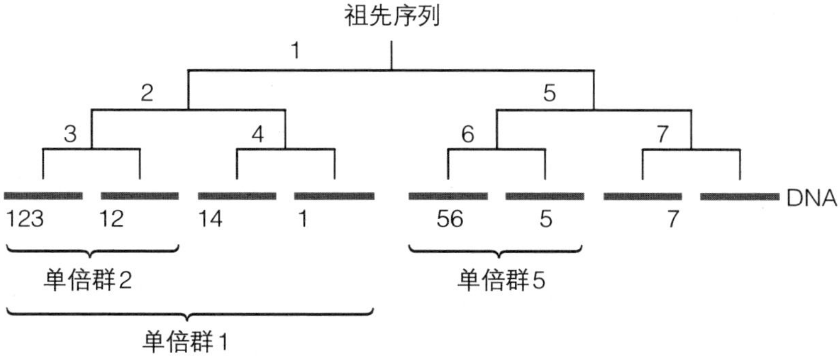

图13 单倍群。该图显示了一个进化史中的8条DNA序列，涉及7个独立的突变，标记为1～7。一旦突变发生，它就会持续存在。其中三个单倍群被鉴定为：单倍群1、单倍群2和单倍群5，它们代表了一组序列，这些序列来自拥有这些突变的共同祖先

重新结合，单倍型因此不会长时间存在于进化过程之中。但是，对于无法进行此类重组的mtDNA，单倍型通常会在长时间内保持完整。根据突变率的估算值，我们可以大致推算出家谱图的时间尺度，因为按照进化生物学原理，转变为基因正常形式的中性突变率与**新生**突变率相同。突变率可以通过对比父母和后代的mtDNA直接测量，此外，还可以通过对考古标本中的mtDNA进行测序来估算，如果这些标本不太古老的话，则可以通过它们生前所包含的碳-14的放射性衰变来确定年份。对于线粒体DNA而言，这样的家谱图可以追溯到15万至20万年前的“全人类最后的共同祖先”。毫无疑问，这位祖先是女性，因为mtDNA
63 仅存在于母系遗传之中。尽管我们对她一无所知，但我们知道，她被称为“夏娃”。当今mtDNA单倍群的地理分布表明，她一定生活在非洲，距今15万至20万年前。当然，同时代还存在很多人，但他们都没有将其mtDNA传递给现代人类。

Y染色体

对于所有哺乳动物来说，性别通过XY染色体系统决定。雌性有两个X染色体，雄性有一个X染色体和一个Y染色体。其他的染色体被称为常染色体。X染色体比Y染色体大得多，它携带许多基因，这些基因编码多种功能的蛋白质，其中大多数与性别分化无关。在雌性中，每个细胞中的一条X染色体在发育早期就失活了，以此来平衡X染色体编码产品的整体“剂量”，使其与雄性中的常染色体的剂量相同。Y染色体携带一些未在X染色体中发现的基因，特别是一个叫作*SRY*的基因，它对于胚胎发育期间的性别决定至关重要。Y染色体的DNA序列与X染色体差异很大，因此在减数分裂过程中它不会通过基因重组来交换变异基因。这意味着，与线粒体DNA一样而与常染色体DNA不同的是，最初由新突变建立的一系列标记（单倍型）往往会代代相传下去。最常用于祖先研究的变异类型是在Y染色体上发现的一组简单串联重复序列。这些分析方法与上述用于法医鉴定的常染色体STR相似。此外，许多单核苷酸变化（SNP）也被用于分析。

至于线粒体DNA，我们可以通过研究人类Y染色体单倍型的家谱图来粗略估计人类最后一个共同祖先所处的时间。目 64
前的估计是，他大约生活在13万至15万年前。同样，除了他是一位拥有Y染色体的男性之外，我们对这个人一无所知。不出所料，他的名字是“亚当”。与亚当同处于一个时代的男人还有很多，他们的Y染色体上有不同的标记，但他们的雄性后代未能活到今天。尽管估算值有所不同，但大多数研究表明，亚当出现的时间比夏娃晚一些。这可能反映了少数男性留下大量后代的倾向，这一过程加速了Y染色体图谱的收敛过程，如图14所示。使用“亚当”和“夏娃”的名字来指代通过Y染色体家谱图和mtDNA家谱图所推算出的人类最后的共同祖先，似乎代表了圣经故事是真实的，这对夫妇繁衍了整个人类。但是事实并非如此。“夏娃”和“亚当”很可能处于不同的时空之中，他们身处不同地区，相隔千年之久，而且，还有许多人与他们同处于一个时代。人类最后的共同祖先出现在历史长河中的某个时刻，这仅仅是突变和遗传的必然结果。他们是不同的人，他们只是Y染色体（全雄性）和mtDNA（全雌性）演变系的祖先。我们的常染色体上含有亚当或夏娃所不具备的其他变异基因，它们是通过不同的世系演化而来的。

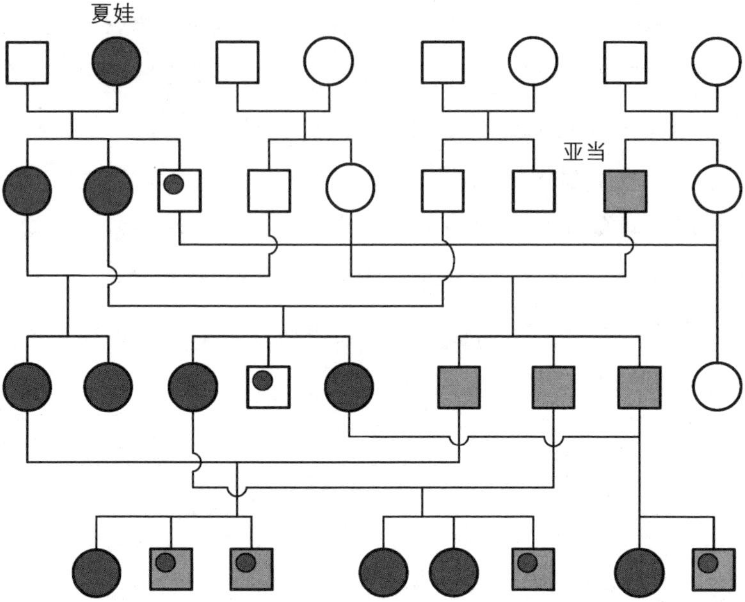

图14　共同祖先。该图说明了为什么基于Y染色体和线粒体DNA可将整个人类看作是“亚当和夏娃”的后代。然而，他们并非世界上仅有的两个人，他们不一定见过面，也没有在同时代生活过，就所有常染色体基因而言，他们也并非现代人类的祖先。圆圈表示女性，正方形表示男性。深色阴影代表夏娃的线粒体DNA，浅色阴影代表亚当的Y染色体

由于通过mtDNA或Y染色体进行进化研究相对容易，因此催生了很多测试公司，这些公司可以检测客户的DNA并“探寻祖先”。不幸的是，客户经常误解此类研究的结果。例如，如果一个非洲裔美国人接受了这样的检测，他可能会被告知西
65 非某个特定部落是他的故乡，而那是美国奴隶发源地。他因此会觉得自己与这个部落有着密切的关系，并且认为自己寻到了“根”。然而，它只是一个“根”。由于mtDNA通过母系遗传，而Y染色体经由雄性遗传，因此，它们无法告诉受测者很多关于其祖先的信息。例如，若追根溯源14代，任何人都有多达约16 384

个直系祖先。此推论成立的前提是所有世代都进行异族通婚，因为任何有血缘关系的个体之间通婚都会减少总数。但是，公司的检测结果可能只会告诉受测者一个或几个祖先的信息。使用那些在欧洲和非洲之间显示出显著频率差异的常染色体标记，我们可以估计出美国黑人群体的基因组中有10%至20%“白 66
人”混合物，这提醒我们所谓的真实血统始终是复杂的。

在中亚，有一个有趣的Y染色体相关变异簇，占全世界人口的0.5%。这个变异簇的起源可以追溯到大约1 000年前的某个共同祖先。有人认为，这位祖先或许是创建了蒙古帝国的成吉思汗。成吉思汗的后宫非常庞大，他的儿子们也是如此，因此他的Y染色体标记具有广泛传播的可能性。

人类地理史

尽管存在上述局限，但我们仍然可以通过检测遗传标记的地理分布来推断人类的大迁徙历史。不幸的是，随着收集和分析的数据越来越多，迁徙图景似乎变得越来越不清晰。从考古学研究得知，人类最早出现在非洲。大约180万年前，被称为直立人的物种从非洲迁移到了欧洲和亚洲。其他非现代人种或许是从直立人进化而来，如尼安德特人和弗洛勒斯人（印度尼西亚弗洛勒斯岛的“霍比特人”）。其中一些可能持续存在，并且进化为了现代人。现在面临的主要问题是，我们不确定究竟是诸如直立人之类的原始本地物种独立进化成了现代人类，还是新的现代人类物种席卷全球并取代了已经生活在那里的所有其他物种。总体而言，遗传学证据有力地支持了后一种假设，这一推论有时被称为“最近的非洲起源”或“走出非洲”理论，尽管有

67 零星的数据表明有些混合基因的源头更加古老。

学界已使用mtDNA、Y染色体以及常染色体上的标记对这一问题进行了研究。原理是通过DNA序列构建系谱图，通过分支点定义单倍群（一个单倍群包含特定分支的所有后代），然后研究其地理分布。如果人们仅是对历史事件感兴趣，那么诸如美洲的欧洲殖民地或大西洋奴隶贸易等现代移民就很容易被忽视。这种分布特征与现代人类起源于非洲的想法相符，在大约6万至9万年前他们迁出非洲并依次定居于欧亚大陆、大洋洲和美洲（图15）。学界之所以相信这一点，是因为最古老的单倍群几乎都在非洲发现，其中一些只限于非洲。因此，实际上，世界其他地区的人口只是非洲人口的一个分支。要估算迁移出非洲的时间（实际上可能是许多单独的事件），可以通过计算未在非洲出现的亚单倍群的分支点的时间来获得。总体而言，人类在各大洲的定居时期与考古证据大体一致。

种　族

考虑到人类起源于一次或一系列在进化时间上相对较近的迁徙事件，因此，我们不得不问：是否真的存在不同的种族？种族确实存在于人们的感知之中，因为大家都认为自己属于特定的文化、人种或语言群体。但是，种族是否有遗传基础呢？由于智人的进化相对较晚，因此与其他物种相比，遗传变异的总水平相当低。此外，通过遗传变异检测而进行的大量研究表明，“群体之间”的变异仅占总变异的5%～10%。换句话说，两个德国白人彼此之间的平均遗传差异，与他们同非洲人或美洲印第安
69 人之间的遗传差异，相差无几。

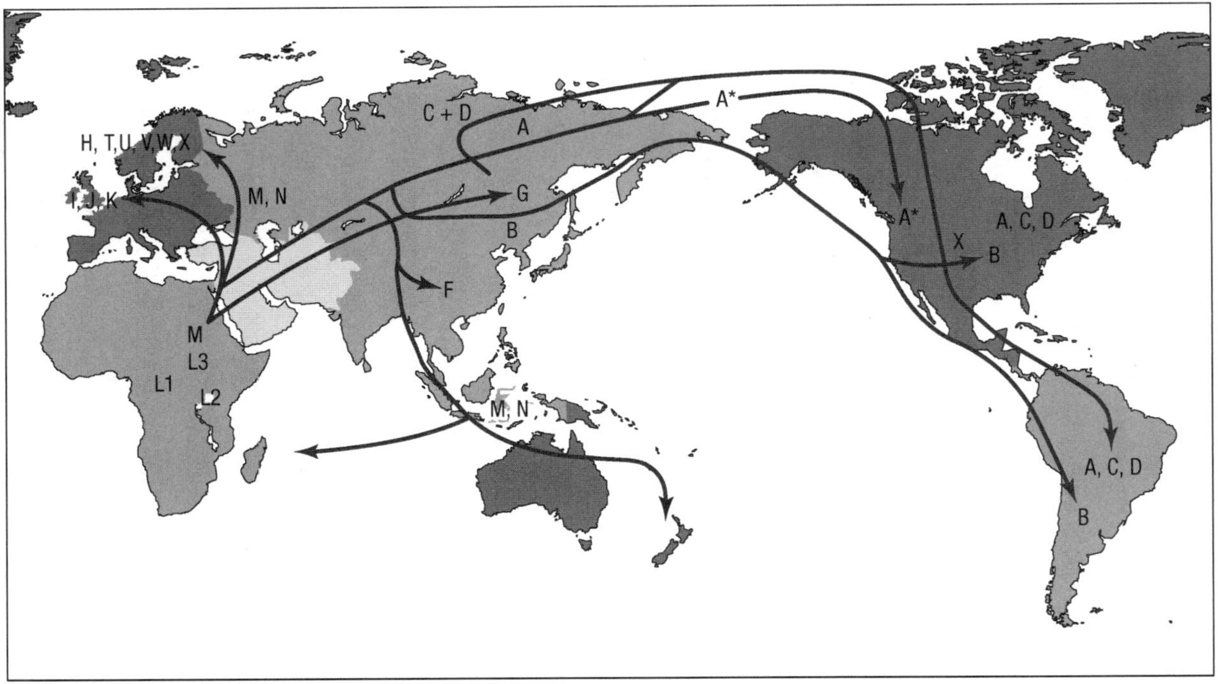

图15　迁徙。该图展示通过人类线粒体DNA追踪到的“走出非洲”大迁移。符号表示单倍群。非洲的单倍群L3产生了M和N，M和N是非洲移民所拥有的。不同的单倍群起源于欧洲的N以及亚洲的N和M。美洲原住民来自亚洲单倍群的一个分支，表明他们的祖先是亚洲人

因此，如果将种族理解为存在显著遗传差异的不同亚种，那么人类就没有种族之分了。然而，人类群体之间确实存在一些遗传差异。显然，那些导致黑皮肤的色素基因变异（生物学上仍知之甚少）在非洲人群中出现的比例要远远高于北欧人。尽管事实上只有极少数的变异存在于群体之间，但从统计学上看，还是有可能从人类遗传变异的大量数据中重建一些种族。如果将用于分析的群体预定义为五个种族，则结果相当于传统定义的种族：非洲、欧亚、东亚、大洋洲和美洲原住民，值得注意的是，该分析中的欧亚群体范围很广，包括欧洲、中东、中亚和印度。如果预定义的数目大于五个种族，那么就会出现一些相对陌生的群体，例如，如果预定义为六个种族，那么欧亚群体又细分为卡拉什人（巴基斯坦西北部的一个民族）和其他群体。因此，确实有一些遗传变异与传统定义的种族有关，但必须记住，与这些群体有关的遗传变异所占的比例很小。这意味着，当讨论到某一种族对于某个特定疾病的易感性时，会产生一些差异，例如在第三章中提到的常出现在美国德系犹太人中的泰-萨克斯病。但是，在大多数情况下，大部分疾病的遗传易感性是基于个人而非种族。同样地，关于法医通过鉴定DNA来推断嫌疑犯种族的讨论也有很多。但就目前的法医标记实践来看，这一想法不可能实现，因为这些标记目前在所有种族中都存在。事实上，很难在传统定义的种族中找到特定且又普遍存在的变异。

总而言之，遗传分析表明，19世纪时有关人类由几个亚种组
70 成，且在各自区域独立进化的观点是完全错误的。现代人类的
祖先来自大约6万至9万年前的非洲。大多数遗传变异发生在
71 个体之间，但是也有一些变异频率存在群体之间的系统性差异。

第五章

小效应基因

到目前为止，我们已经了解了具有已知脱氧核糖核酸（DNA）序列的基因和标记的性质及其重要性。现在，我们要跳出DNA的范畴，讨论一些未知基因，这些基因的变异共同影响着某些有趣的性状。这些内容属于数量遗传学的领域，它是建立于20世纪初的一个学科分支。其核心思想是，生物体的许多性状并不取决于少数基因的作用，而是取决于众多基因的共同作用，每个基因对整体性状都有着微小的影响。该假设已成功用于农业动植物的育种研究。然而，当这些概念应用于人类研究时，引发了许多争议。

数量遗传学的研究对象是连续的特征，如身高或体重，这些特征可以采用数量值来表示，动植物的特征通常分布在与其物种相适应的连续值上。数量性状是基于阈值的性状，通常情况下，我们认为性状本身是否存在，取决于多基因座决定的连续敏感性，如果连续敏感性在阈值水平以上，则表现出性状。负责数量变异的基因变异称为“数量性状基因座”（QTL）。它们并不

72 一定是特殊类型的基因。QTL的作用仅与特定的数量性状有关。其影响的程度取决于种群中实际存在的变异，且它们还可能对其他尚未研究的性状产生更大的影响。过去，我们很难鉴定QTL与具体基因之间的关系，不过，现代全基因组测序的方法使得这个问题得以高效解决。

遗传率

当讨论到人类时，我们当然知道人类外表和特征的多样性。人们经常会问，这种差异在多大程度上是源于它们之间基因变异的差异，在多大程度上是源于环境差异（也就是营养、养育或生活经历的差异）。统计学家所说的“方差”是一种以数学上易于理解的方式表达定量变异的方法。特征的**遗传率**是指遗传方差在总的表型方差中所占的比例，其平衡被认为是由环境方差引起的。因此，如果表型方差完全由遗传方差引起，则遗传率是100%；如果完全由环境方差引起，则遗传率是0%。

遗传率与**变异**有关，不应与特征的遗传决定相混淆。例如，人类有两条腿，两条腿的发育完全受遗传控制。但是，事故或军事行动可导致人类失去腿部，腿的数量的变异几乎完全是环境因素所致。因此，尽管基因在腿的发育中具有明显的作用，但是腿的数量的遗传率仍然很低。

有许多100%由环境决定的例子，比如，一个人所说的语言
73 或所信仰的宗教完全取决于他（她）的成长环境。研究者曾经认为，由单基因决定的遗传病是100%由遗传决定的疾病，但是否所有数量性状都是100%由遗传决定的，尚未定论。人类遗传学中的遗传率通常是根据双胞胎研究来估算的。双胞胎可能相

同，也可能不同。相同的双胞胎被称为“同卵双胎”（MZ），意味着它们来自发育早期的单个胚胎的分裂。不同的双胞胎被称为“异卵双胎”（DZ），以表示它们来自两个不同的胚胎。在遗传变异方面，同卵双胎应该完全相同，而异卵双胎将与其他兄弟姐妹一样，共享大约50%的变异。遗传率的计算或许非常复杂，但从本质上说，通过比较同卵双胎和异卵双胎之间的差异，可以推断出特定特征的遗传率。

在此阶段需要注意一些问题。首先，根据双胞胎数据计算的遗传率结果称为“广义遗传率”。这包括所有遗传效应，涵盖显性效应和基因间相互作用。还有另一种遗传率被称为“狭义遗传率”，它特指具有累积效应的基因变异。这种度量方法适用于计算生物的自然选择反应，因此与动植物育种研究有关。

其次，在人类研究领域，双胞胎研究由于许多原因而引起争议。其一，在同一个家庭中长大的双胞胎成长于非常相似的环境，这将使他们的遗传率看上去比整个种群的实际遗传率要高。这个问题可以通过出生后不久便分开抚养的同卵双胎来解决。但是很难找到这样的例子，许多分开抚养的双胞胎实际上是由其他家庭成员抚养，因此他们的成长环境仍然非常相似。此外，
如果双胞胎本人不接受检测，很难确定他们是同卵还是异卵。 74

一般来说，双胞胎研究可能会高估遗传率。不过，近几十年来，用于分析双胞胎数据的统计方法比过去要巧妙得多，这些先进的分析方法已解决了一些问题。

不管实际测得的数值如何，了解遗传率的一个关键是关注它与变异的相关性，而非仅考虑特定环境选择的遗传决定论。遗传率的水平取决于该种群中存在多少影响该性状的遗传变

异，以及该种群成员所处环境变异的幅度。例如，在不同条件的几个农场饲养的牛群中，生长速率或最终体形的遗传率可能为50%。然后，我们假设一个农场主收购了其他所有农场，并制订了一项有关营养和畜牧的协同方案。这意味着生长速率的遗传率将上升。尽管遗传变异没有任何改变，但由于减少了环境变化，遗传率因此提高了。实际上，出于这种原因，自1970年以来，美国奶牛的产奶速率的遗传率确实从25%增加到了约40%。相反，假设选择了最佳生长速率的多代牛来进行繁殖，几代之后，遗传变异的数量会减少，因为一些关键变异可能已从种群之中消失或已成为存在于所有动物之中的常态基因。如果环境变异保持恒定，由于种群中遗传变异的数量减少，生长速率的遗传率将下降。遗传率的这种与环境相关的性质通常不为人所理解，而这一点意味着某种测算方法仅对特定环境下的特定种群有效。

许多学者不赞同根据“遗传”和“环境”划分人类性状，并
75 且认为应该更细致地看待这一问题。毫无疑问，在某些情况下，基因变异和环境会相互作用。例如，特定的基因变异可能使个体在多变的环境中更容易找到食物，但在相同环境中则没有任何作用。根据双胞胎的研究，这类相互作用往往会提高遗传率的估值，因为该研究的逻辑是基于观察具有不同相关程度的个体，而不是基于暴露在不同环境中的相同基因型个体。

引起个体间差异的其他潜在原因既不是基因变异，也不是环境影响，而是源于发育过程中的随机事件，这一点较少被关注到。其中的一种情况是称为转座子的可移动DNA元件从一个基因座移动到另一个基因座。人类基因组中存在许多类似病毒的成分，它们中的大多数都是有缺陷的，无论在哪一代，它们都

会随着其他DNA一起进行复制。但是，仍有少数保留了将自己从DNA中切除并插入其他地方的能力。这种情况很少在单个细胞中发生，但常见于发育中的神经元。与其他突变一样，在DNA的新位点插入转座子可能会影响细胞的特性。目前尚不清楚这是否是导致个体性格差异或智力差异的重要原因，但确实存在这种可能性。

全基因组关联分析（GWAS）

许多常见的人类疾病都具有显著的遗传率。例如II型糖尿病、精神分裂症或心脏病。人类基因组计划的目标之一是鉴定人类种群中易患此类疾病的基因变异。这将带来三个重要的益处。第一，它将鉴定出与这些疾病病理相关的基因，从而为靶向 76
清除相关基因产物的新药开发提供信息。第二，这将使人们能够在生命早期阶段预测患病风险。人们可以有效实施高风险标记的筛查工作，且有机会采取预防治疗。第三，它可以辨别出由不同基因座所控制的各种疾病亚型，从而有机会进行更具针对性的治疗。大多数药物对不同的人具有不同的影响，因此，理论上可以通过了解各种相关基因变异的作用方式来提高药物的总体靶向性和有效性。第二和第三个潜在益处通常被称为“个性化医学”。

要实现以上目标，需要收集大量的人类基因组。DNA测序技术的巨大进步以及单基因组测序成本降低至数千美元，促成了近年来相关研究的发展。其中很多是关于“全基因组关联分析”。这些研究分析不涉及全基因组测序，而是定位大量的涉及单核苷酸变化的标记（称为单核苷酸多态性，即SNP），以找出哪些标记与特定的状况或疾病相关。通常，研究者认为SNP本身不在已鉴定功能的基因中，而是处在离它们很近的位置上。在无限时间内能够随机繁殖的种群中，所有基因座上的标记都将通过减数分裂时亲本染色体之间的交叉互换而被随机化。然而，在现实之中，此过程发生得非常缓慢，以至于通常情况下，DNA中彼此靠近的标记之间仍然存在某种关联。这是关联方法的基础。大约有500 000个单核苷酸多态性可以提供足够的分辨率来进行人类研究。在GWAS中，研究者会对受试者和对照组个体中每种类型SNP的频率进行检测。如果存在显著差异，
77 则推测含有该SNP标记的基因组区域也含有影响所述疾病的功能性DNA变异。

尽管这项技术潜能巨大，但必须承认的是，迄今为止，GWAS并未取得令人满意的成效。虽然我们已经发现了不少影响常见疾病或健康状况的新基因变异，但是，它们的影响力不大。因为在双胞胎研究或其他数量遗传学方法推导出的性状总遗传率中，这些变异所占的比例很小。有关其“遗传率缺失”的原因，学界一直众说纷纭。最有可能的原因是，复杂状况受常见变异的影响很小，还有大量罕见的变异在起作用。当罕见变异的影响超过一定限度时，GWAS中使用的样本量不足以检测此类影响。

尽管我们已经进行了更多的研究，并完成了完整的基因组测序来代替SNP分析，但在实际情况下，人类基因组计划的许多愿景依然无法实现。即使是完整的基因组测序，也无法预测II型糖尿病或其他常见疾病，因为基因组中存在太多的致病变异，且每种变异都非常罕见。这与单基因疾病的情况形成了鲜明的

对比，在单基因疾病中，基因序列对血友病或囊性纤维化等疾病的风险程度具有很高的可预测性。出于类似的原因，在这种情况下，基因组数据也不太可能对理解致病机理或给出个性化的药物治疗方案提供非常有效的帮助。

人类身高

人的身高是一个常见的特征，它体现了数量遗传学的许多
原理，即许多基因变异对整体性状的影响很小。身高是一个大 78
家都非常熟悉的特征（图16），它很容易被测量，并且可以持续地进行精确记录，尤其是对于新兵来说。通常，人们认为身高主要取决于遗传率，同时也会受到家庭环境的影响，因此，在知道父母身高的情况下，我们可以相当准确地预测儿童的成年身高。与下面要讨论的其他问题不同，身高的无可争议性也是它的优势，每个人都可以在不受先验意识形态偏见的影响下讨论这些问题和发现。

身高发育的生物学原理在很大程度上已被理解。母体营养对于身高发育至关重要，孕期营养不良会导致婴儿体型较小，也会引发许多长期健康问题。幼儿早期营养同样重要，因为新生儿生长速度非常快。个体的最终身高主要取决于腿部长骨的生长，这依赖于骨骼末端软骨的生长速率。在青春期末期，随着骨帽与骨干融合以及剩余的软骨变成骨头，长骨生长终止。在影响软骨生长的因素中，有一种称为成纤维细胞生长因子（FGF）的物质具有抑制作用。正如第三章所述，FGF活性的异常增加会较正常情况下更多地抑制软骨生长，这就是为什么编码成纤维细胞生长因子受体3的基因发生功能获得型突变的个体会患

80 图16 高与矮。人类身高变异的极端情况

上软骨发育不良侏儒症。然而，这组突变并不会显著影响正常个体的身高。这再次说明了一个事实，即遗传率与种群中实际存在的变异有关，而不与过程机制相关。有时候，控制某个过程主要机制的基因几乎或根本没有遗传变异。相反，遗传变异的基因成分是通过具有其他主要功能的基因介导的，它对研究过程的影响很小或只是偶然出现。 79

依据对不同人群的研究，人类身高遗传率的范围在65%～90%之间。较低的数值来自中国和非洲的研究，约为65%。在中国和非洲，营养和保健方面的环境差异比欧洲或北美大。北欧各个国家较高的数值与相对单一的环境有关。

最近学界进行了涵盖3万人的全基因组关联研究，目的是确定身高变异的来源。研究发现大约50个SNP与身高有显著相关性。那些SNP附近的基因可以作为功能变异的候选基因，通过动物实验或对罕见人类遗传综合征的研究，其中一些已被确认参与了某些生长方面。但是，这些基因座的遗传率最多仅占通过数量遗传方法测得的遗传率的5%。因此，只有这么多的遗传率是“可解释的”。其余的遗传率很可能分布在大量其他的基因变异之中，而每个变异所起的作用都很小。这意味着通过检测一个人的基因组序列来预测他（她）的身高是不可能的，甚至可能永远无法实现。

家犬的情况明显不同。犬种的体重差异很大，从重约1千克的吉娃娃到重约80千克的圣伯纳德犬。犬种的体形差异很大程度上归因于编码胰岛素样生长因子1（IGF1）的基因中的单一变异。它由许多体组织释放，以响应来自垂体的生长激素，并刺激许多细胞类型的细胞分裂。几千年来，犬类一直受到选择育种

的严重影响，这一过程将*IGF1*基因的变异放大到一个显著的地
81 位。在人类中，IGF1的功能与犬类相同，同样在正常发育中发挥重要作用，但是，*IGF1*基因的变异并不是导致人类身高变异的重要原因。

尽管身高确实具有很高的遗传率，而且我们已经知晓了某些决定身高的遗传变异，但这并不意味着身高不能被环境改变。实际上，人类的身高在20世纪已经显著增加。荷兰人是当今世界上身高最高的族群，从1913年到1980年，该地区成年男性的平均身高从172厘米增加到184厘米。同一时期，美国成年人的身高增加幅度稍低，从173厘米增加到179厘米（白人男性）。19世纪中叶，美国人是世界上最高的族群，但到了20世纪，他们被一些欧洲族群超越，特别是荷兰人。对此，粗略的解释是：19世纪，美国人在孕期以及长骨生长的儿童时期的营养状况通常要优于欧洲人，这使得更多的美国人能够发挥其全部身高潜力。20世纪，欧洲国家经济繁荣发展，因此儿童营养状况也随之提升。为什么他们最近超越了美国人？或许是因为美国卫生保健水平的极度失衡，没有保险的人群只能接受最低限度的产前和产后护理，而在欧洲，国家卫生系统往往可以为贫困人口提供更好的服务。

也可能是因为在20世纪，美国迎来了大量移民人口，其中包括了来自拉丁美洲和亚洲的移民，他们普遍比较矮。这一解释引发了关于不同族群平均身高差异及其遗传决定程度的讨论。不同族群之间的确存在身高差异。目前，印度成年男性的平均身高为165厘米，中国人为168厘米，日本人为171厘米，而
82 美国人和欧洲人为179厘米。亚洲人的身高普遍低于北美人和

欧洲人。然而，随着亚洲经济的快速发展，这一差距正在缩小，当亚洲人口的生活和医疗条件都达到西方国家的水平时，剩余的遗传差异将有多大，目前还不得而知。可能没有遗传差异，但也极有可能存在一些差异。

过去人们一直认为，不同群体之间的身高差异至少部分源自遗传，就像同一群体内的个体差异一样。然而，这并不符合逻辑，同样的问题也在有关智商（IQ；稍后讨论）的研究领域引发巨大争议。两个群体的身高遗传率可能相等，但一个群体的生活环境比另一个好，因此平均身高更高。在这种情况下，群体间出现的差异百分之百是环境因素造成的，尽管遗传在群体内决定个体身高方面很重要。例如，在朝鲜和韩国，成年男性的身高相差8厘米。两国之间不太可能存在太多的遗传差异，因此，这或许要归因于朝鲜的饥荒和贫困与韩国蓬勃发展的经济。类似的情况还出现在危地马拉，内战期间从危地马拉移民到美国的人比那些留在危地马拉的人平均高出10厘米。在20世纪50年代，苏丹丁卡族男性身高182厘米，是当时世界上最高的族群。然而，由于几十年的内战和贫困，他们现在的平均身高已降至176厘米。

严重的心理疾病

尽管这个问题引起了很大的争议，但有大量证据表明，最严重的精神疾病具有很高的遗传率。

精神分裂症是一种常见疾病，患病风险率约为1%。患者表现出妄想和幻觉、思维混乱、社交退缩和异常行为等症状。双相 83
障碍是一种情绪障碍疾病，大约影响1.5%的人。患病特征是从极度欢愉到严重抑郁的情绪紊乱，该病发病率高，约有10%的自杀风险率。这两种情况都会造成很多人的痛苦，并在长期医疗和社会护理方面代价高昂。

对于精神分裂症，双胞胎研究表明其遗传率约为85%。其他家庭相关性研究和收养研究也得到了类似的结果。研究者通过多种方法，尤其是通过GWAS检测大量个体SNP的方法，来寻找与该疾病相关的基因变异。一些候选基因在个别研究中被发现，但其中的大部分在随后的研究中并未被再次发现。那些已经发现的基因被证实只会增加一点点风险，最多达到正常水平的1.4倍。位于与疾病相关的SNP附近的一些基因可能参与神经元的功能或发育，例如，它们编码神经元中重要的细胞表面或结构分子，其他基因则不编码。双相障碍的遗传率估计也约为85%，GWAS分析也给出了类似的结果：未发现表现出高度关联的常见变异，但有些变异与风险增加呈现出微弱的关联。有趣的是，与精神分裂症和双相障碍有关的某些染色体区域是相同的，表明这些精神疾病的发病机制与病理可能存在某种联系，而这一点不曾为人所熟知。

最近发现精神分裂症与染色体结构巨大变异（超过1 000个碱基对的缺失和重复）之间存在显著关联。这些变异在总体水平上相对常见，但在个体水平上却很罕见，意味着不同的个体可
84 能会有不同的变异。这种结构变化可能会影响很多基因，并且可能以多种方式发挥作用，例如，通过改变基因的拷贝数，提高或者降低基因活性；或是干扰与基因相关的调控序列。结构变异还与一系列神经发育障碍有关，包括孤独症、某些类型的学习障碍、注意缺陷多动障碍（ADHD）和特发性全面性癫痫。

目前，尽管有大量资源投入到严重精神疾病的遗传学研究当中，但必须承认的是，常见疾病的遗传基础仍然未知。就目前来看，精神分裂症或双相障碍似乎不太可能是由常见的几个少数基因变异所致。更有可能的是，存在大量的罕见变异，每个人的疾病实际上都是不同基因水平上的疾病。

阿尔茨海默病是一种具有精神症状的神经系统疾病，它呈现出一定的遗传机理。该病很常见，约占痴呆总量的2/3。发病初期，病人通常表现出短期记忆困难。随着病情的发展，会出现一系列症状，可能包括攻击性、易怒、情绪波动、语言障碍和长期记忆丧失。随之而来的是社交回避行为，身体机能下降，最终导致死亡。该疾病与大脑皮层中斑块的出现有关，这类斑块中含有一种被称为β-淀粉样蛋白的蛋白质片段。此外，该病还与一种通常在神经元中发现的蛋白丝缠结有关。β-淀粉样蛋白是由一种叫作淀粉样前体蛋白（APP）的蛋白质产生的，在产生β-淀粉样蛋白的过程之中，需要两种酶的参与，它们分别是早老蛋白1和早老蛋白2（PS1、PS2）。随着年龄的增长，这种疾病的发病率急剧增加。但是，在编码APP或早老蛋白之一的基因中携带突变的人通常会在早年患上该病（早发型家族性阿尔茨海默病）。这些突变提高了β-淀粉样蛋白的产生速率。它们是功能获得型变异，因此在遗传上是显性的。此外，编码载脂蛋 85
白E的基因的特定变异（APOE，变异E4）的个体患正常疾病的风险增加了3倍，如果有两个基因拷贝，则相对风险增加15倍。APOE有助于分解β-淀粉样肽，而E4基因变异分解效果比正常基因的效果差得多。

阿尔茨海默病与精神分裂症或双相障碍不同，因为研究者对阿尔茨海默病的病理有一定了解，已知一些基因变异导致了这种疾病或增加了其发病率。然而，*APP*、*PS1*和*PS2*基因变异非常罕见，仅占阿尔茨海默病的0.1%。APOE效应对疾病的发病率影响更大，但仍不能解释整体遗传率。根据双胞胎研究估计，阿尔茨海默病的遗传率为59%，低于精神病遗传率，但此数据仍然表明了遗传变异导致患病风险提高。与精神病一样，大部分遗传率仍无法解释。

智商（IQ）

在遗传学中，没有任何议题能够像智力遗传议题那样充满争议。智力通常是通过智商测试测得的结果来衡量。不同“种族”之间测得的智商分数差异是否有遗传基础，是极具争议的议题。

通过智商测试测得的智力是一种心理能力的量度，不受文化或教育的影响，可用来预测受试者在各种需要心智能力的任务或职业中的表现。智商测试的拥护者认为，个人的智商在16岁到成年之间趋于稳定，与工作前景有着很强的相关性，包括
86 工作资历、责任心，甚至许多职业的薪水。智商测试的批评者则认为，智商不能归结为一个简单的数字，而且测试总是会存在某些形式的偏见。此外，有人认为智商测试是可信的，因为在每次使用前都需要进行校准，具体的校准方法是对多人进行测试，然后调整结果，以使其形成正态分布（“钟形曲线”），即平均值为100，标准偏差15或16。正态分布的特性意味着大约95%的个体位于平均值的两个标准偏差之内（介于70和130之间），而大约有2.5%的个体在这个范围之下，另有2.5%的个体在这个范围之上。

研究者一直在尝试设计更有针对性的智力能力测试，其中一种常用的测试是用来区别“流体智力”和“结晶智力”。“流体智力”是通过推理解决新问题的能力，而“结晶智力”是依赖于教育和经验的知识能力（这些在韦克斯勒量表中被称为“表现”和“言语”量度）。流体智力在成年后会随着年龄的增长而下降，而结晶智力在很大程度上不受年龄增长的影响。然而，争论的焦点主要集中在一般类型的智商测试（测试广义的心智能力），有时被称为g因子。

在原则上，基因变异影响智力，因为它们会影响生物体的各个方面。尽管人类的心智创造力可能极其微妙且复杂，但是影响智力的基因变异可以通过相对简单的方式发挥其作用，例如，通过影响神经元之间形成连接的倾向性。人类很多的基因变异会导致大脑发育不良，进而造成智力低下，因此，我们可以推测，在正常范围内，一定有对智力影响较小的变异。目前，在人类中，还没有发现可以导致高智商的明确基因，但是在动物实验中却找到了一些。例如，报告显示，在小鼠中过表达一种神经递质（N-甲基-D-天门冬氨酸，简称NMDA）的受体编码基因会增加小鼠解迷宫的能力。 87

通过智商测试测得的智力具有高遗传率，这一证据来自双胞胎研究、其他家庭比较以及收养研究。研究结果主要源于西里尔·伯特爵士在英国进行的早期工作，但是现在，这些结果的可靠性受到质疑，而且有些内容还被认为具有欺诈性，由此可见，该领域的研究工作起步不佳。不过，最近有许多研究提出了更加敏感的问题，比如，双胞胎是否真的为同卵双胎，是否真的被分开养育，还是只是由附近的家庭成员抚养长大。例如，对于分开养育的同卵双胎所进行的五项研究表明，智商的遗传率在68%～78%之间。此外，高智商家庭所收养的孩子与正常家庭出身的孩子表现出微弱的智力差别。因此，基于这些传统的数量遗传技术，智商的高遗传率已得到初步证明。分子遗传学在这场辩论中并没有做出太多贡献。一些GWAS试图识别重要的变异，但到目前为止，这些研究结果与研究其他数量性状时得到的结果类似。一项研究报告表明某些特定的SNP与特定特征之间存在关联，但这一结果并未在其他研究中得到证实，这或许是因为遗传变异分布在许多低效变异之中。最近一项涉及12.6万人的研究发现，前十个SNP只解释了个体在教育年限（与智商高度相关的数值）方面0.2%的差异。

尽管有充分的证据证明智商受到遗传因素的影响，但是，还存在不少需要解决的复杂问题。自19世纪以来，种族退化论逐渐成为数量遗传学领域里的一个重要思潮，尽管如今，它的发展势头不再强劲。该理论所表述的观点大致如下：智力差异在很大程度上是遗传决定的。智力较低的人（通常是社会阶层较低的人）一般比智力较高的人（通常是社会阶层较高的人）生育更多的子女。如此一来，每一代人的平均智商都将略低于上一
88 代，人类智商将不可避免地发生退化。这种分析引来了公共政策的回应。“优生学”一词由弗朗西斯·高尔顿所创，他是19世纪的英国数学家，也是统计学发展的先驱。优生学指的是通过对积极性状进行选择性育种或对不想要的性状进行选择性预防来改善人口质量的社会政策。在20世纪20年代至30年代，人们进行了许多降低低智商人群繁殖率的尝试，尤其是在纳粹德国以及一些西方民主国家。在美国，有几个州引入了针对智障

人士和精神病患者的绝育法律，该法律有时也针对患有耳聋、失明、癫痫和各种先天性残疾的人。在美国，有大约来自33个州的65 000人接受了绝育手术，这一计划一直持续到20世纪70年代。20世纪初期，许多有影响力且持有进步思想的人士拥护优生学，但是自第二次世界大战以来，人们普遍认为优生学是残酷的，至少是不切实际的。

种族退化理论听上去合理，但实际情况却恰恰相反。事实上，20世纪，在所有进行智商测试的国家里，智商分数都在稳步上升。这就是所谓的“弗林效应”。由于智商测试的惯例是将新测试调整到平均值为100，标准差为15，所以这种效应并不立即显现。

然而，当人们参加旧测试时，他们比参加新测试时表现得更好，这表明新测试本身的难度提高了。弗林效应相当惊人，在美国，智商均值每十年增加三个点左右，其他国家也表现出类似的变化。这种情况持续了多久目前尚未可知，不过它不太可能始于20世纪前，不然按照现代标准，那时的人类智商就太低了。

弗林效应出现的原因尚不清楚，但不可能源自遗传，尽管这正是优生主义者所希望的，事实却并非如此，因为这么大的变化 89
需要大量的自然选择。有证据表明，这一效应主要影响低智商人群，这与20世纪生活条件的改善相一致。将弗林效应与同时期人类身高增长进行比较也很有趣，因为身高增长也是一种快速发展的全球现象，而它也与经济繁荣有关。智商提高或许得益于营养的改善、传染病的减少、教育质量的提高，以及报纸、电视、手机等现代媒体的普及等综合因素。最近几年，全球最发达地区的智商水平可能已经停止增长。针对1980年以来的英国人口和1990年以来斯堪的纳维亚人口的研究表明，智商增长的速度减缓或趋于零。坚持优生学观点的人认为，弗林效应代表了受环境影响的这一部分智商的提升，但掩盖了与之共存的轻微退化。这当然有可能，然而，事实是智商有增无减，这与优生学家的预测相反。

群体智商差异

关于群体间智商差异的问题尤其具有争议性。争论的焦点主要集中在美国黑人和白人之间大约15个点（差不多一个标准差）的智商差异上。这种差异已经被多次测量，且的确存在。然而，这种差异的成因为何，至今仍无定论。

从逻辑上讲，两个群体之间的差异与群体内性状的遗传率之间并不一定存在关联。遗传学家理查德·勒沃廷常用一个例子来说明这一点。想象一下，有两块相同基因异质性的玉米田，
90 一块土壤肥沃，另一块土壤贫瘠。两种作物长大后，它们的大小和产量之间会表现出显著差异。因为种子是异质的，所以种群中不同植物之间的大小具有显著的遗传率，但是，在这两块田地所表现出的差异中，遗传的作用为零，差异完全取决于环境。有人认为，这同样适用于美国黑人和白人的智商差异，尤其考虑到许多社会弱势群体的智商测试得分也低于当地多数人口，比如毛利人（新西兰原住民）、印度在册的种姓（“贱民”）、以色列的塞法迪犹太人和日本的部落民（“哈姆雷特人”）。弗林效应表明，环境变化可以带来智商变化，其变化幅度与美国黑人和白人之间的差异相似。自20世纪60年代民权立法以来，随着美国黑人受教育等机会的增加，美国的黑人和白人之间的智商差距有

所缩小，缩小的程度尚未定论，而且，至今仍然存在显著差距。

尽管大多数遗传变异都发生在个体之间，而不是传统定义的种族之间，但“种族”仍在影响特定数量性状的变异中表现出系统性差异。例如，某些疾病的易感性。身高或智商可能也是如此。不过，鉴于这两个性状在全球范围内所表现出的显著差异，以及近年来人口平均水平的变化速度，确实无法清楚确定哪一个（如果有的话）群体差异是基于遗传变异而来。 91

第六章

进化中的基因

在20世纪初期，科学界逐渐接受了新达尔文学说，但直到现在，该理论想要获得世界范围内的普遍接受，仍有一段路要走。新达尔文学说是达尔文自然选择学说与孟德尔遗传理论的综合，该理论的数学基础是由罗纳德·费舍尔、休厄尔·赖特和J.B.S.霍尔丹在20世纪30年代共同构建的。该理论认为，种群在进化过程之中所表现出的一系列变化是由突变所引起的，突变赋予了某些个体生殖优势，随着时间的推移，突变会在整个种群中持续传播，并最终成为该基因的正常版本。大量的微小变化逐渐累积，最终可能导致一个不同于原始物种的新物种出现。由自然选择所引起的变化被称为适应，正是这种适应使生物具有了看似经过“设计”的特征。例如，昆虫的喙恰好适合从其喜爱的花朵中采集花蜜，或者动物在其自然栖息地里就能够找到合适的食物。许多宗教学派反对自然选择理论的原因是它背离
92 了以“目的论论证”为依据的上帝存在论。

中性进化

不过，自然选择并不是进化的唯一机制。在20世纪下半叶，分子生物学研究表明，脱氧核糖核酸主要序列中所发生的大量变化并非适应性的。相反，这是一种“中性进化”，由无选择影响的突变累积而成，通过随机抽样，这些突变在种群中一代又一代地传播下去。我们可以通过以下假设来解释这一过程：有一个个体数非常少的种群，仅有一个男性和一个女性，通过兄弟姐妹交配繁殖。设想其中一个亲本发生了突变，使得一半的精子或卵子携带突变基因。如此一来，这对夫妇的后代携带突变的概率将是50%。如果他们有两个后代，那么两个后代都携带突变的概率是25%。假设这种情况发生了。在下一代中，两个个体都有一半的生殖细胞携带该突变。因此，某个特定后代有25%的概率携带该突变的两个拷贝。如果他们有两个孩子，两个孩子都携带两份突变的概率是6.25%（1/16）。但是，如果这种情况发生了，就意味着该突变成了正常形式，以前的正常形式已被淘汰（图17）。这个过程被称为遗传漂变，它发生在所有种群之中，每一代的繁殖都是上一代基因组的随机抽样。当然，与这对夫妇的例子相比，大种群中建立新基因变异的过程非常缓慢，并且绝大多数新突变最终都会被淘汰，而不是成为正常形式。不过，随着进化过程的推移，大量的突变和大量的世代会产生，因此，遗传漂变导致了基因组在进化过程之中的大部分变化。 93

根据定义，通过遗传漂变而来的突变类型是中性的，这意味着它不会影响生物体的繁殖适应力。由于所有突变都发生在现有基因组和生物体的背景之下，因此任何新突变都很可能是有

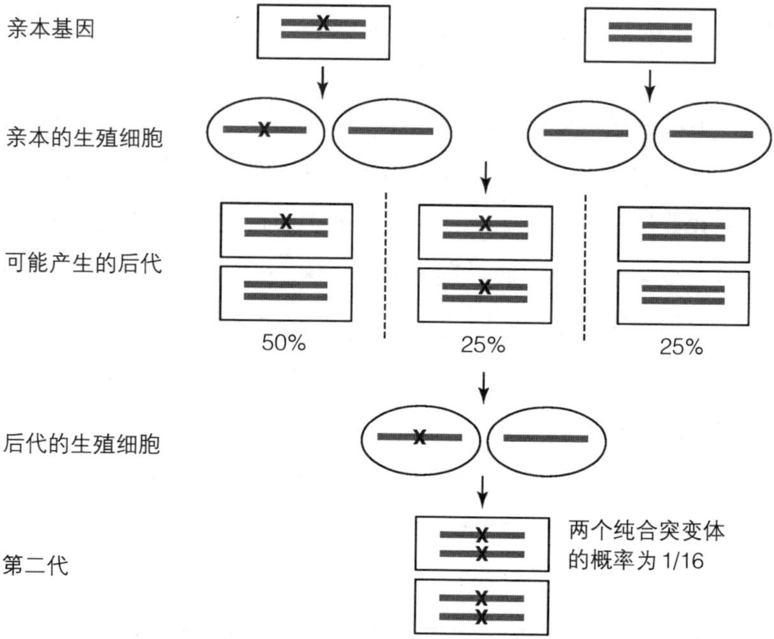

图17　基因漂变。中性进化可能是偶然发生的。该图显示了一个小种群中的一对染色体，该种群仅由一个男性和一个女性组成。每一代只有两个个体，我们必须假定他们是异性，并通过彼此交配进行繁殖。一个亲本产生一个新的突变，图上显示为染色体上的一个X。在第一代后代中，两个个体都遗传了该突变的概率为25%。如果发生这种情况，那么在第二代中，两个个体都含有两份该突变的概率为6.25%

害的。之所以这么说，是因为它所引起的变化可能会破坏现有
94 机制，从而降低生物体的繁殖适应力。在这种情况下，自然选择确实会产生负面影响，以至于通过随机抽样，显著有害的突变在种群之中变得普遍的可能性几乎为零。

生物分类

一旦意识到物种之间的许多变异都是由中性变化所组成

的，研究者们便清楚地认识到它可以作为一项辅助工具，为动物、植物和微生物的分类工作添砖加瓦。现代分类学不仅会将传统的解剖学特征作为分类依据，还会将基因的主要序列作为原始数据使用。

对于任何给定的蛋白质来说，其结构中只有一小部分氨基酸对其生化活性是必需的，因此，其他氨基酸可以随遗传漂变而自由改变。基因之间的非编码区表现出比编码区更快的中性进化，因为非编码区的功能有限，或者根本没有功能，在不受负选择影响的情况下，该区域碱基的替换范围较大。群体遗传学理论预测了“分子钟”的存在，它表明两个谱系分化的时间与特定基因序列差异的数量之间存在近似线性关系。

结果是，两种生物在进化过程中的距离越远，其DNA中的中性变化数量越多。如果对基因组或其部分进行测序，则可以简单地通过序列构建进化树，而无须了解有关生物的其他信息。这些进化树的构建促进了生物分类的细化，特别是对于解剖信息相对缺乏的微生物，或者对于宏观的生物关系，例如不存在共同解剖特征的动植物（图18）。 95

尽管中性突变会导致不同物种蛋白质中一些非必要位置上的氨基酸发生变化，但在许多其他非必要位置上，氨基酸仍保持不变。正是这些同一性的存在，表明了来自不同生物体的两个基因实际上是“相同”基因。这里的“相同”是指它们源于共同的祖先，并编码具有相同生化功能的蛋白质。不同物种中的相 96
同基因通常被赋予相同的名称。例如，囊性纤维化基因（*CFTR*）存在于所有脊椎动物中，尽管不同脊椎动物的该DNA序列在碱基替换方面存在差异，但这并不影响蛋白质的功能，人类与鲨鱼

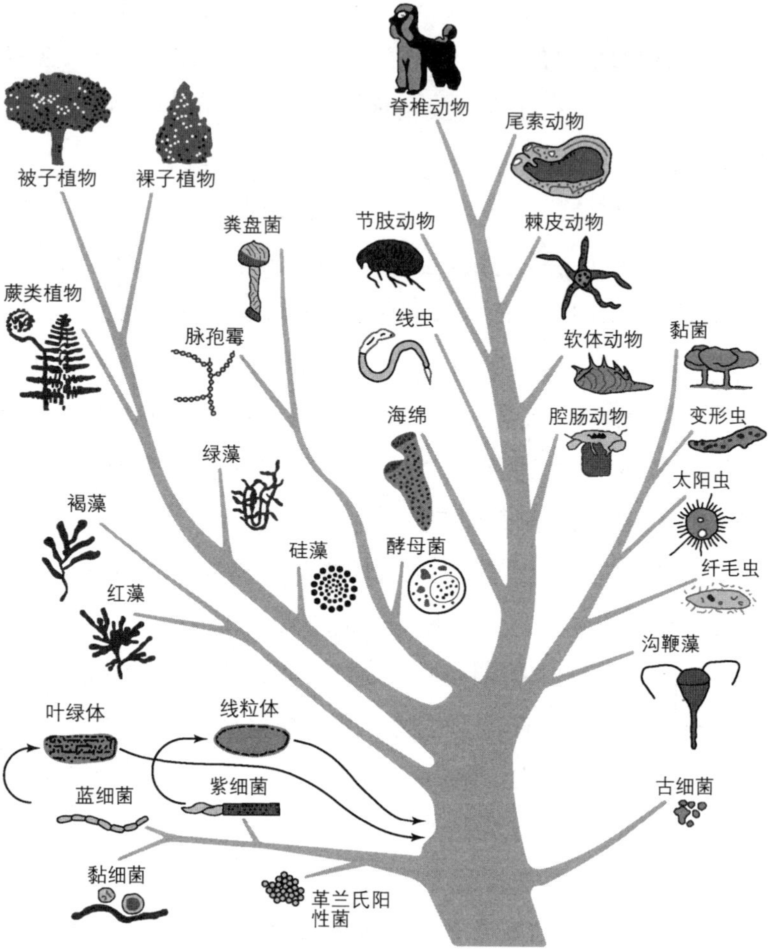

图18　生命树。尽管有些过时，但这种系统发育树生动地展现了各种各样的生物种类。现在，可以利用所有生物体内共有的一组基因的DNA序列之间的中性差异来构建更加精确的生命树

之间的差异比人类与黑猩猩之间的差异更大。在进化过程中，许多基因保持了相对稳定性，它们编码那些在细胞结构和代谢中具有基本功能的蛋白质，从所有现存生物的共同祖先存在的

时期开始，它们就是这样，没有任何变化。也正因如此，我们常听说人类与香蕉共享许多基因。这里所指的不是基因变异或标记，而是与基本生命过程有关的实际存在的基因。

大多数有关基因组进化的分析都集中在中性进化上，因为进行这方面的探索相对容易。但是，自然选择显然是进化中更有趣的方面，因为只有自然选择才能产生真正的新颖性：新的结构、新的酶，以及新的代谢过程。新基因从何而来？在某种程度上，它们来自旧基因的复制。DNA的复制错误偶尔会导致新基因的产生，构成一种突变类型。如果一个基因被复制，那么只需要一个拷贝去执行原始功能，另一个拷贝则可以自由积累突变，最终可能承担其他功能。在由哺乳动物、鸟类、爬行动物、两栖动物和鱼类组成的脊椎动物中，有很大比例的基因属于多基因家族，每个家族只与无脊椎动物中的一个基因同源。大约5亿年前，整个基因组的两次复制可能导致了基因数量的增加，随后，许多重复的拷贝被淘汰了。学界认为，备用基因为生物体产生新的功能提供机会，进而推动脊椎动物进化成功和多样化。类似的复制或许也可以解释高等植物的成功进化。 97

我们如何知道序列上相关的基因确实是来自共同的祖先基因，而不是通过自然选择进化形成的？这是因为，功能效率驱动的趋同进化将产生仅在必要功能区相同的蛋白质。功能区之间的氨基酸序列没有相似性，因此总体序列仍然会非常不同。有一些已知的例子表明，两个基因起源完全不同，但最终演化到相同的功能。在这种情况下，它们几乎不具有序列同一性，或者它们所具有的相同序列均限于实际上控制其生物化学活性的一小部分。晶体蛋白就是一个很好的例子。晶体蛋白是构成眼睛晶状体的蛋白质。在不同类型的脊椎动物中，构成透明晶状体的蛋白质属于不同种类，尽管它们具有相同的生理功能，但它们的序列几乎完全不一样。

自然选择的影响

自然选择的原理看似简单，实则蕴含着复杂的内容。在过去的50年里，理论家们就此进行了深入的研究。

由于自然选择能够产生新颖性，原则上，它比中性进化更有趣。但是，在基因水平上，我们依然不太清楚是什么在进化过程之中导致了物种间差异的产生。问题在于，导致变化的突变可能并不在通常控制生物某一方面形成的基因中。例如，动物不同节段的特征，就其外观和附肢的类型而言，它们的同一性受同源异形基因家族控制。在昆虫实验中，通过引入或去除单个同

98 源异形基因，可以预测性地改变片段的特性。然而，当研究两种相关的昆虫物种在节段模式中所呈现的某些差异时，往往会发现它们的差异并不在于特定同源异形基因的存在方式，甚至不在于它们的表达，而是在于其他未知的基因，这些基因修改了对同源异形基因的反应。所以，即便是一个聪明的设计者，如现代发育生物学家，也未必会像实际情况那般行事。

鉴于很难准确地确定进化过程中究竟发生了什么，就连发育生物学家都很难充分理解进化过程中的结构变化，因此，越复杂的基因变化也就越难解释，例如，动物行为的进化。事实上，在这种背景下讨论的“基因”大多是假设的，仅存在于进化论的理论中。

有两类假设基因。一类是正常版本的基因，它负责一个物

种的普遍行为特征。例如，成为狮王的雄狮有杀死其他雄狮幼崽的倾向。据说狮子的这一行为特征隐藏于“基因之中”，尽管控制这种特征的实际基因可能永远无从知晓。另一类是基因变异：新突变赋予了不同于该物种当前行为标准的新行为。例如，假设出现一种新突变，使得携带者愿意为同一物种的其他个体而牺牲自己。这样的基因变异真的会在种群中产生吗？如果答案是肯定的，那么又会在什么样的情况下产生呢？

复杂性选择类型

如果您阅读一本旧式的古生物学书籍，您可能会看到一张动物群体在属或科的分类级别上，随时间而演化的图表。但是，一旦您开始思考自然选择，您就会意识到整个动物群体无法以 99
这种方式进化成其他群体。科和属由物种组成，那么，对于更高级的群体进化而言，每个物种都需要独立平行的进化途径，这属实不太可能。所有新物种的源头都是个体生物，这些个体由于某种突变而获得了繁殖优势。它们会把新变异传给后代，由于繁殖优势，经过许多代，新变异会在繁殖群体中传播，并成为相关基因的正常形式。一旦以这种方式建立了足够多的新变异，这些生物的形态就会发生巨变，生物学家会将其认定为一个新物种。如果新种群与旧种群发生物理隔离，或者突变减少了新旧物种之间的交配机会，那么旧物种可能会与新物种共存于世。自然选择能否在更高级的群体水平上发挥作用一直存在着很大争议。我们要认识到的是，在灭绝和递进进化之间，更高级的群体选择具有不对称性。如果环境急剧变化，可能会导致整个物种甚至整个属或科的灭绝，从这个意义上讲，更高级的群体选择确实会发生。但是，就进化新颖性的发展意义而言，除非对携带新基因变异个体的生殖有利，否则什么都不会发生。

由于所有选择均归因于个体的生殖优势，这个解释似乎给不利于生物体生殖成功的因素的出现和持续性提出了问题。其中一个领域就是性别。在高等生物之中，有性生殖几乎是普遍存在的，尽管也存在一些无性生殖的群体。由于性别不可避免地涉及一部分种群（雄性）对后代的物质贡献很小，导致无性生
100 殖行为的突变能使繁殖率加倍，因此将会被坚定选择。但是，由于大多数生物都是有性生殖的，所以这种情况并不多见。为何不呢？

另一个领域是利他行为。自然界中的确会发生个体牺牲自己来拯救该物种中的其他个体的行为，这种行为似乎会减少自身的繁殖机会，而使得其他个体携带的基因变异在种群中占优势。解释利他行为的起源和持续性一直是现代进化论中的一个重要议题。

这些问题及其答案可能在理查德·道金斯的《自私的基因》（1976）中得到推广，该思想源于威廉·汉密尔顿（请参阅本章后面的内容）的理念。实际上，“自私的基因”不是导致自私行为的基因。它是一种以基因为中心的进化观。一般来说，对生物体有益的情况对它携带的基因变异的传播也是有益的。然而，有时候，就性别和利他主义而言，最大限度地遗传基因变异，乍一看似乎对群体有利、对个体不利，因此需要进一步解释。

性　别

在哺乳动物中，性别是由染色体组合决定的。与其他染色

体不同，性染色体具有不同的X和Y变体。雄性为XY，雌性为XX。这似乎是一种固化的机制，自然界能自动产生相等数量的两性，这是无法改变的。然而，实际上，性别决定系统千差万别，这表明它们在进化过程中发生了很大的变化。例如，在鸟类中，雄性有两条相似的性染色体，雌性则有不同的性染色体。

关于性别持续存在的原因有许多解释，但它们都集中在这样的观念上，即通过基因重组，有性生殖使进化过程更具灵活 101 性。对于一个无性生殖的生物来说，要获得两个不同的特定基因变异，需要双重突变，发生这种情况的可能性极低。但是，对于有性繁殖的群体来讲，即便是两个非常罕见的变异，最终也要通过独立的染色体分离以及染色体间的重组而聚集在一起。因此，有性生殖的种群对选择的反应更加灵活，因为它们可以更快地产生新的变异组合。这的确没问题，但它意味着种群之中的每一代都在不断变化的环境中被选择，因此，选择必须足够强大，以抵消无性生殖的突变体能够立即获得的双重繁殖率的优势。一般来说，环境变化似乎没有那么快，也没有那么频繁。

学术界对此现象已经进行了很多研究，一种可能的解释是所谓的“红皇后假说”。它得名于《爱丽丝梦游仙境》中的角色，在红皇后的国家，为了保持现状，人们必须始终保持更快的速度奔跑。该理论假设所有生物都感染了寄生虫。宿主中的基因编码了能够对抗寄生虫的蛋白质，而且基因变异的存在使得某些突变体对某些种类的寄生虫具有更大的抗性。寄生虫携带编码蛋白质的基因，该蛋白质使它们能够逃避宿主的抵抗。寄生虫也可以产生逃避宿主的特定基因变异。在这种情况下，寄生虫感染使得宿主处在不断变化的新环境之中，因为寄生虫不停地被宿主选择，从而提高了最能逃避抗性的基因变异的频率。同时，宿主可以增加基因变异在种群之中出现的频率，而这些基因变异可以对抗最常见的寄生虫变种。一个无性生殖的宿主种群将被寄生虫摧毁，因为它只能通过突变产生新的抗性基因变异，这个过程比寄生虫逃避抗性选择的速度慢得多。有性生殖
102 的种群将会更加成功，因为有性生殖可以不断地将现存于种群中的基因变异的新组合结合在一起，从而持续产生对最常见寄生虫具有抗性的生物体。

该理论已经应用于一些生物体的研究，比如蜗牛和鱼类，这些生物种群之中同时存在着有性生殖和无性生殖的个体。许多研究结果证实，无性生殖的种群往往会遭受更为严重的寄生虫侵害。其中一项实验研究的对象是线虫，它有两种存在形式：一种是自我受精的雌雄同体形式，另一种是有性生殖形式。实验过程中，两种存在形式的线虫都感染了相同的细菌，且在实验室中完成了多代繁殖。在这种人工共同进化的情况下，雌雄同体形式的线虫在几代后便灭绝了，而有性生殖形式的线虫则能够长期保持抗性。

所以红皇后假说有一定证据支撑。虽然它可能无法解释所有性别的持续性，因为共同进化的寄生虫并非普遍存在。然而，该假说可作为一个例证，用以解释那些乍看之下似乎与自然选择理论不相容的进化现象。

利他主义

在动物种群中，利他主义的行为不胜枚举。例如，白蚁中的兵蚁参与战斗，有时甚至要战斗至死，以促使繁殖蚁的飞行

行为。占主导地位的雄性狒狒守护着觅食群体，当其他狒狒撤退时，它们会与掠食者对峙。面对捕食者的靠近，雌性夜鹰会离开巢穴，假装受伤并停在巢穴前，以分散捕食者对幼鸟的注意力（图19）。这些现象早已为世人所知。1902年，俄国生物学家彼得·克罗波特金在其著作《互助》中指出，合作和互助是物种进化及其生存能力的最重要因素。动物学家V.C.怀恩·爱德华兹于1962年提出，动物会限制自己的繁殖速度，目的是造福整个物种。这通常发生在种群密度增长过快，无法提供充足食物的情况下。他进一步提出，动物群体的大规模聚集有助于它们感知种群密度。然而，从表面上看，自然选择似乎与任何形式的利他行为的进化都不相容。如果存在这种行为，并且出现了某种突变，该突变能引起携带者欺骗系统，例如自身持续高速繁殖，而其他非携带者则减少了繁殖，那么这种突变将受到选择和传播的青睐，直至其成为正常形式的基因。

有关利他主义议题的探究可以追溯到J.B.S.霍尔丹，他是现代综合论中新达尔文学说的创始人之一，他曾说过：“我愿意为两个兄弟或八个堂兄弟牺牲我的生命。”他确认了一个事实，

图19 夜鹰。雌性夜鹰为了分散捕食者对于巢穴的注意力而垂下翅膀（左）或伸出翅膀（右）。这是雌性夜鹰所表现出的利他行为

即一个负责利他行为的基因变异如果能够帮助足够多的具有同一变异的亲属繁殖成功，那么该基因变异就可以实现自我传播。一般来说，兄弟之间有50%的变异是相同的，而堂兄弟则有12.5%的变异是相同的，因此，霍尔丹的计算颇具道理。实际上，八个堂兄弟只代表了盈亏平衡点，而为九个或更多的堂兄弟牺
104 牲生命更为合适，因为只有这样，才能确保基因变异保有优势。该原理是由理论学家汉密尔顿在数学理论的基础上构建起来的，他在1964年提出了“广义适合度”的概念。广义适合度是指参与者对其亲属（包括其自身）所有适度性影响的总和，每一个增量或减量都由与接受者的遗传相关性加权。因此，利他主义可能会受到自然选择的青睐，尽管行为人会付出直接代价，但是他能为足够相关的接受者带来充分大的利益。

因此，兵蚁通过帮助其兄弟姐妹的繁殖来传播自己的基因变异。占主导地位的雄性狒狒可能是它正在保护的许多其他狒狒的父亲，它所保护的每一只狒狒都共享它50%的基因变异。在广义适合度的基础上，我们有机会解释动物行为的所有特征。例如，鸟类不会出于“物种整体利益”的考量限制繁殖，而是在繁殖时，根据当前环境条件下可以成功饲养的最多雏鸟数量来决定“最佳鸟窝大小”。特定的基因变异有利于鸟类捕捉到有关未来食物供应的环境信号，并将其整合到卵的生产过程中，生理性地调节自身的繁殖行为。这样的基因变异受到自然选择的青睐。据此，自然选择与怀恩·爱德华兹被否定的理论所表达的观点完全相同。

许多与利他行为有关的重要例证都和社会性昆虫有关。蜜蜂、胡蜂、蚂蚁和白蚁等都是具有高度分化社会结构的物种。这

些物种的社会结构多样且复杂，但是，通常包括有性生殖个体的阶层和无性生殖劳作者的阶层。劳作者做各种琐事来支持繁殖，照料后代。它们为什么这样做呢？达尔文本人意识到这或许对自然选择理论构成了挑战，而他认为选择是在“家庭”层面 105
进行的。事实证明，具有这种社会结构的昆虫群体都实行严格的一夫一妻制，或者至少在社会组织的最初发展阶段被认为是一夫一妻制。一夫一妻制意味着一个巢穴的所有居民都是一个蜂王（蚁后）和一个雄蜂（雄蚁）的后代。这种相关度高到足以解释为什么不育阶层努力工作以支持繁殖个体的繁育成功。在某些情况下，例如在蜜蜂中，蜂王确实与不止一只雄蜂交配，但据信这是一种新进化的行为，并且出现在阶层不可逆转之后。

广义适合度理论已经解释了行为生态学中发生的许多过程。最初，这些基因变异都是假设的，只是通过观察行为来测试模型。但是最近，研究者们已经发现了一些影响行为的基因，尤其是社会性昆虫的群体结构，如此一来，研究者可以通过检查相关的基因变异来测试模型。

源于“基因”的普遍特征

“社会生物学”主要从进化的角度来研究动物的行为，它是生物学的发展趋势之一。这一术语源自E.O.威尔逊于1975年出版的同名著作，其内容涉及性别、利他主义等议题。此外，书中还呈现了一个大众共识，即物种的正常行为“在基因之中”。从某种意义上说，这是显而易见的真理，比如，人们普遍认为社会性昆虫所表现出的行为根植于其神经系统之中，而非通过个体独立决策而来。然而，有一种强烈的趋势是将这一论点扩展

到对人类特征的理解，包括感知、信仰、习俗、制度等方面。这显
然与社会科学的传统相冲突，后者试图通过人类社会的动态和
106 过程来解释人类的信念与行为，而不涉及基因学。对于动物行
为的进化模型在多大程度上可以推广到人类，科学家之间已经
存在着并且无疑将继续存在着巨大分歧。

“进化心理学”作为一个学派，致力于识别受到进化影响的人类行为的方方面面。该学派的创始宣言是一本书，由杰罗姆·巴科、莱达·科斯米德斯和约翰·图比于1992年撰写，书名是《心灵适应：进化心理学和文化的产生》。哈佛大学的史蒂文·平克是这个学派的杰出倡导者。

与前述进化生物学有所不同，相较于人类之间的遗传差异，
进化心理学对人类的常见特征更感兴趣。事实上，在创始宣言
中，它直截了当地提出，人类群体之间没有显著的基因差异，因
此，该学派轻而易举地避免了本书第五章所述的争议性议题。
该学派不喜欢从遗传与环境的角度来解释人类特征，它认为所
有人类特征都涉及遗传与环境之间的相互作用，而这个环境大
多是由其他人类所构成的。同时，该学派的目标是将“自然”领
域扩展到社会科学领域，特别是社会心理学领域。例如，我们知
道诸如语言之类的个人特征取决于个体的成长环境。但是，该
学派坚持认为，人类的大脑有专门的语言习得模块，这些模块独
立于经验，为语言习得过程提供了必要的基础，此外，该学派还
表明人类有以特定方式学习语言的天赋。类似的论据也适用于
107 其他行为，如择偶偏好、性嫉妒、母婴情感交流和社交联系算法。

人类学家常会通过指出人类社会的多样性来质疑“人性”的存在。如果您想到某种看起来自然而普遍的现象，人类学家

总会在某地或某部落找到与之不同的情况。但是，进化心理学家认为人类学家只是在研究表面特性，而没有研究潜在的进化系统。他们坚称，人类存在着“封闭系统”和“开放系统”，前者类似于人类的本能行为，较为罕见；后者则代表具有人性潜力，但具体实现受文化影响的行为模式和能力，如语言习得的过程。

这一传统观点的重要特征是，在过去的1万年中，换言之，从新石器时代至今，人类的生物进化非常有限。因此，我们的遗传印迹可以追溯到中石器时代和旧石器时代，那时有大量的进化发生，而这一点在人类化石记录上有所呈现。换句话说：“现代人类拥有的是石器时代的大脑。”

总体来讲，这个观点合理可信，但与此同时，我们很难确定人类信仰或行为的真正限度。例如，尽管自然选择使得人类倾向于繁殖行为，但有些人还是选择不育。人类可能存在固有的攻击性倾向，但在现代社会中，社会制裁和法律制度已将这种倾向牢牢地控制住了。人类心智可能并非一张“空白板岩”，而是一张可以改写铭文的石板。

毋庸置疑，与社会生物学和进化心理学有关的争论将会持续下去。从基因研究的角度来看，我们要着重认识到这些学科通常与遗传决定论一致，但它们不涉及任何已鉴定的基因。当 108
前，对于任何特征，我们总能找到一种潜在的进化机制来加以解释，但是想要证明其确实发生则是另一回事。正如我们所见，即便是那些发育生物学已充分理解的解剖学特征，同样难以实现。最后，我们必须承认，基因的概念非常广泛，它涵盖了那些实际基因尚未被确定，甚至永远无法被确定的领域。 109

结语：基因概念的多样性

本书旨在向读者呈现理解“基因”的多种视角，以及各视角的坚实理论基础。

在分子生物学领域，基因是一段特定的脱氧核糖核酸，能编码一种特定的蛋白质或核糖核酸序列。许多基因的结构、功能和调控方式已被充分了解。而许多生物的基因都以全序列和注释基因组的形式被分类。同一基因在不同物种间的差异表现为中性突变，这些差异可以用于生物分类的细化工作。

在遗传学和育种学领域，研究者认为繁殖种群中总是存在一些遗传变异。例如，不同人类个体的基因组序列上的差异约为0.1%。当有些基因突变为无活力或异常活力状态时，则会对整个生物体产生明显的影响。然而，大多数可变性状是由多个基因变异所致。

在人口研究领域，“基因”指的是个体间不同的DNA标记。
110 通常情况下，它们并不存在于实际基因之中，而是存在于基因之外的DNA区域。一个特定的标记分支（某些简单的串联重复序列）可用于法医鉴定。

在数量遗传学领域，“基因”大多是指位于多个基因座上的未知变异，研究者认为这些未知变异对所研究的性状有较小的累加效应。数量遗传学理论对动植物育种项目有益，并用于计算包括某些疾病在内的人类性状的“遗传率”。

在进化研究领域，“基因”最初指的是研究者假定的基因变异，研究者认为它们以某种特定的方式影响动物行为，用于创建通过自然选择而运作的进化过程模型。如今，我们已经可以观察到一些相关的基因变异。

最后，有一种被称为“我们的基因”的基因类型，研究者假设，与解剖学或生理学特征相类似，人类行为或社会组织中所呈现的普遍特征由基因组所决定，不过，我们尚未检测出与之相关的实际基因。

在上述所有研究领域之中，基因概念都具有重要的社会意义。特定基因是许多生物医学研究和生物技术产业的基础。在社会科学和行为科学中，更多假设性的基因类型被用来支持一些想法，即所有理想或不理想的人类特征背后可能存在的生物学基础。

我认为，讨论单个已确认的基因是基因概念最具实用性的情境。随着讨论逐渐偏离这个核心，它的可靠性就越低，被滥用的可能性越大。然而，本书的撰写目的并非指导读者思考的内容；相反，通过呈现有关真实基因及其特性的知识，它旨在帮助读者审视各种具有争议性的议题。 111

索　引

（条目后的数字为原书页码，见本书边码）

I

J

K

L

M

N

O

P

Q

R

S

T

U

V

W

X

Y

Jonathan Slack

GENES

A Very Short Introduction

Contents

Preface

What is a gene? In essence it is a molecule of DNA, present in every one of our cells, that controls the synthesis of one particular protein in our bodies. But this simple definition does not do justice to the richness of the gene concept and its many ramifications throughout the life sciences. For example, some genes do not code for proteins, some have no function at all, others are presumed to exist but have not been identified in terms of DNA.

Everyone has heard of genes and we have come to feel that they are fundamental to who we are. But there is also a lot of uncertainty and confusion about what this means. For example, does having cancer in a first degree relative mean I have 'cancer genes'? If I have genes also found in Stone Age fossils, does this mean I am very primitive? Does the existence of 'selfish genes' mean that human nature is inherently selfish?

We also know that genes have become the basis of a huge technology which generates pharmaceuticals, diagnostic tests, forensic identification, paternity tests, and GM crops, which are welcomed by some people and feared by others. Many are suspicious of the gene concept as applied to race, intelligence, criminality, or other human attributes, while others presume that these things are mostly under genetic control most of the time. Many have a desire to understand this entity which penetrates so deeply into their lives but still seems rather mysterious and confusing.

This book is not a textbook of genetics, but it is a brief introduction to the various conceptions of the gene currently used in the life sciences. The aim is to enable readers to appreciate the main ideas about genes, evaluate contentious issues, and to navigate to more advanced texts if they wish.

List of illustrations

Chapter 1
Genes before 1944

In 1938 a remarkable pair of articles was published in the *Quarterly Review of Biology*. They were by an American biology professor from the University of Missouri, Addison Gulick, and they were about the nature of the gene. These articles are rarely consulted today since they were written shortly before it was discovered that genes consisted of deoxyribonucleic acid (DNA). However, they are remarkable in showing how much was known about genes even before their chemical nature was established. Gulick knew that genes were located in the chromosomes of the cell nucleus, and were complex structures that somehow directed the synthesis of enzymes and the development of the organism. He knew that they normally remained stable from one generation to the next, and that occasional changes, called mutations, could spread through the population and be the basis of evolution by natural selection. He also made surprisingly accurate estimates of the sizes and numbers of genes in various types of organism. These articles illustrate that to appreciate how our current understanding of the gene came about we need to go back much further than the famous 'double helix', discovered by Watson and Crick in 1953.

Two completely separate lines of work led to our modern view, and they came together shortly after the appearance of Addison Gulick's articles to create the new science of molecular biology.

One was the study of heredity by biological experimentation and the other was the study of the chemistry of DNA.

Biology of heredity

Before the 18th century there was little informed speculation about heredity. Even the word did not exist ('heredité' first appeared in France, 'genetic' in England, both about 1830). Before then there was plenty of animal breeding and vague ideas of 'blood lines', but this was uninformed by much understanding of reproduction. In the 18th century the first systematic breeding of agricultural animals had begun. Robert Bakewell, a sheep breeder from Dishley, near Loughborough, England, bred a line of New Leicester sheep that grew faster and produced more meat than before (Figure 1). This was done by mating the best males and females to create a self-reproducing population (breed) that

1. New Leicester sheep. From David Low's *The Breeds of Domestic Animals of the British Islands*, London, 1842

maintained the new characteristics in a stable way. The experience of animal breeding conveyed the idea that heredity involved the blending, or averaging, of the distinct characters, also known as traits, of the parents. It was quite understandable that animal breeders should have believed in the blending of traits since this is what you see when animals are mated and characters such as height or weight or growth rate are measured. But the blending theory of inheritance was to become a serious problem for Darwin's theory of natural selection.

By the time of Darwin's work in the mid-19th century, the fact that biological evolution had occurred was reasonably well accepted by scientists, mostly on the basis of the changes seen in the fossil record. The real impact of Darwin's work, and that of his contemporary Alfred Wallace, was to provide an actual and credible mechanism for the changes seen in living organisms over evolutionary time. This mechanism was natural selection, and the case for it is simply stated. If a population of animals or plants varies with regard to some traits, if those traits are heritable, and if they affect the likelihood of reproduction, then the composition of the population will inevitably shift between each generation. The traits associated with more reproduction will become more common, and will eventually displace the alternatives. The direction and speed of the shift will be determined by the selective conditions that cause the differential reproduction of the individuals with the different traits. The theory of natural selection seems very compelling, and it is especially compelling as presented by Darwin in *The Origin of Species* (1859), which contains a huge array of examples drawn from natural history to support the case. At the time, the main opposition to the theory was from religious groups who realized that the principle of natural selection undermined the 'argument from design', an important argument for the existence of God, and also from those offended by the idea of a biological kinship between humans and animals. However, there was also some scientific opposition, and the most serious was that which focused on the difficulty of reconciling natural selection with blending inheritance.

Supposing that one individual is slightly better suited to reproduction than others due to the possession of a particular trait. Because the favourable trait is rare, he or she will most likely mate with an individual lacking it and their offspring will then have it in a diluted form. After three or four generations the hereditary factors responsible for the trait will be diluted out almost completely. So selection has only a few generations to operate and this will not be enough to change the whole breeding population unless the reproductive advantage conferred by the new trait is very large indeed. Darwin himself was well aware of the problem but he was also opposed to the idea of large jumps in evolution and favoured the idea that evolution progressed in a smooth and imperceptible manner via many small changes.

Some thinkers followed this argument to its logical conclusion and concluded that the hereditary factors responsible for evolution must have large effects, such that substantial selection could occur before they became diluted out. In this way the trait might become common enough for some matings to occur between parents who both possessed it and it would no longer be diluted in their offspring. Among these thinkers was William Bateson who collected in his book *Materials for the Study of Variation* (1894) a remarkable set of examples of discontinuous and qualitative variation within animal and plant populations. More direct evidence for the existence of large heritable changes came from observation of spontaneously occurring 'mutations'. In particular the Dutch botanist Hugo de Vries in 1886 observed the *de novo* appearance of dramatically new forms of the Evening Primrose, which bred true in subsequent generations. Nonetheless, blending inheritance remained a serious problem for the theory of natural selection.

In fact the solution to the problem had been provided as early as 1866 by Gregor Mendel, a monk at the Abbey of St Thomas in

Brno, now in the Czech Republic. In the early 19th century, Brno was a centre of textile manufacture and of sheep breeding, and the Abbey already had a two-hectare experimental garden. Mendel had received education about animal and plant breeding in the course of his studies of philosophy at the University of Olomouc, and he was encouraged to continue his work at Brno by the Abbot. Between 1856 and 1863, Mendel conducted a number of experiments with peas. He was fortunate enough to choose simple characters, which we would now call characters determined by single Mendelian genes, rather than complex characters determined by many genes. Among these characters were a round or wrinkled appearance, and a green or yellow colour. Mendel postulated that there were invisible hereditary 'factors' causing each visible character, and showed that there were predictable rules for their inheritance. His breeding experiments indicated that each individual plant contained two factors for each character, one derived from each parent. When reproductive cells (pollen or eggs) are formed, each contains just one factor, randomly selected from the two possibilities available in that plant. In some cases one factor would suppress the other: we should now call this a dominant gene. For example a cross between yellow and green peas gives only yellow offspring. However if these offspring are crossed to each other, then 25 per cent of the next generation are green, indicating that the green factors are still there, but cannot be expressed in the presence of the yellow factors (Figure 2). So, Mendel showed that the hereditary factors behaved as discrete units, such that each parent provided one to each offspring and the appearance of the offspring depended on the specific combination of factors inherited and the dominance rules between them. Mendel published his work in the *Verhandlungen des naturforschenden den Vereines in Brünn* in 1866. But this was what we should now call a 'low-impact journal', and nobody noticed. After he became Abbot in 1868 he was mostly occupied with administrative duties. He died in 1884 with the wider world still being ignorant of the founding principles of genetics that he had discovered.

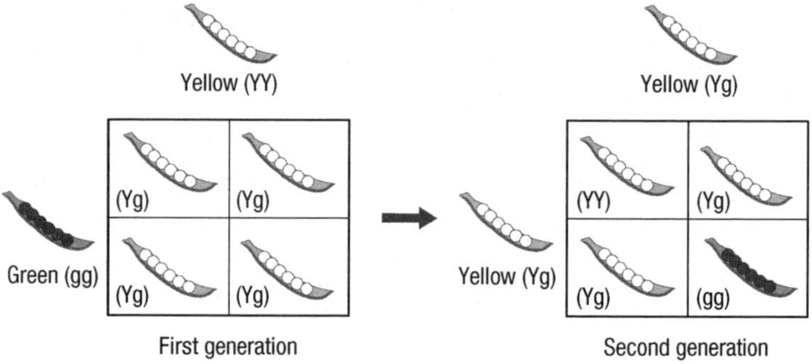

2. Mendel's peas. When yellow peas are crossed to green peas, the first generation seeds are all yellow. But when members of the first generation are crossed to each other, 25 per cent of the second generation seeds are green. Mendel explained this by postulating factors, here called Y for yellow and g for green, such that the yellow factor is dominant over the green where they occur together

The 20th century

In Western Europe and America, arguments continued over whether natural selection could work through blending inheritance, and whether mutations of large effect were a credible source of variation. Not until 1900 was Mendel's work rediscovered and further developed. Several people were responsible for this including Hugo de Vries of mutation fame and the German botanist Carl Correns. It was immediately apparent that the major contradiction had now been removed. Mendel's factors were stable and persisted from generation to generation and variation in a population existed because of the differences between the factors that were present in each individual. So it was not necessary to postulate new mutations to explain every newly appearing variation. Moreover the more complex characters, whose inheritance appeared to be of a blending nature, could be explained as resulting from the action of several independent Mendelian factors.

In the late 19th century improved microscopes and new stains from the chemical industry had improved visualization of cells and their nuclei. The German anatomist Walther Flemming, working at Kiel, first identified chromosomes, and described the process of cell division, now called mitosis, in which the chromosomes enter the nuclei of both daughter cells. The Belgian cytologist Edouard van Beneden showed that there was a characteristic chromosome number for each species and that this number was found in the various different cell types of an organism. He followed chromosomes of the nematode *Ascaris* through cell division and showed that the number was conserved, but that it halved during the formation of reproductive cells (divisions forming reproductive cells are now called 'meioses'; singular, 'meiosis').

By the beginning of the 20th century, after Mendel's work had been resurrected, Theodor Boveri in Germany and Walter Sutton in the USA independently showed that chromosomes behaved just like Mendel's hereditary factors. From then on most scientists believed that the chromosomes were the hereditary factors or at least contained them. The hereditary factors themselves were named 'Gene' (in German this is plural, equivalent to 'genes' in English) in 1909 by Wilhelm Johannsen, Professor of Plant Physiology at the University of Copenhagen. The term was derived from the Greek *γενεα* (=generation or race). This is an interesting linguistic example of the entity being named after the process, as 'genetic' had been in use since 1830, and 'genetics', as a noun, was introduced by William Bateson in 1905.

The centre of gravity then moved to the USA where Thomas Hunt Morgan, at Columbia University, effectively established modern genetics through his studies of the fruit fly *Drosophila*. *Drosophila* is a small insect with a short generation time. Large numbers can be kept in small tubes, many crosses can be carried out in a reasonable time scale, and insects have a lot of complex anatomy on the surface that it easy to observe by simple visual examination. *Drosophila* is therefore very well suited to genetic work in the laboratory. Despite much effort, no treatments were found that induced new mutations, but a number of spontaneous mutations were discovered and used for breeding studies. Whereas Mendel's factors had separated from one another in terms of their representation in individuals of the next generation, most of Morgan's *Drosophila* mutations did not do so. The difference is that *Drosophila* has only four chromosomes, so it is quite likely that two genes will lie on the same chromosome and thus be transmitted together to reproductive cells. However genes on the same chromosome do sometimes separate and Morgan was able to work out that this occurred because the two parental chromosomes always form pairs with each other in the last cell division (meiosis) leading to the formation of reproductive cells (pollen, sperm, eggs). During this phase of pairing the chromosomes can break and rejoin such that segments are exchanged. So a gene that was on one parental chromosome can join one that was on the other, and be transmitted together into the reproductive cells. Importantly the probability of separation of two genes depends on the distance between them. So the frequency of segregation of genes on the same chromosome became the basis for genetic mapping. Using these techniques Morgan's group created accurate maps of the *Drosophila* chromosomes showing the positions of many genes for which visible mutations were available.

One of Morgan's students, Hermann Muller, by then at the University of Texas, finally discovered a treatment for *Drosophila* that would generate new mutations. This was X-irradiation. After irradiation the chromosomes often showed visible changes, strengthening the link between chromosomes and genes. In the early 1930s it was found that the salivary glands of the *Drosophila* larva contained giant chromosomes, much larger than those found in most other cell types. These showed vastly more detail down the microscope than normal-size chromosomes and when suitably stained they were seen to contain thousands of bands, which were suggestive of being single genes or small groups of genes. As a result of this programme of work on *Drosophila*, Morgan's school had definitively proved that genes lay on chromosomes, that they were arranged in a linear manner, and that each cell contained a chromosome set from each parent such that there were two copies of each in cells of the body and one copy of each in reproductive cells.

In the late 19th century another scientific tradition had grown up which we should now call statistics. In relation to evolution, a school surrounding Karl Pearson (the 'biometricians') held to the Darwinian orthodoxy and considered that inheritance was inherently quantitative and continuous and that evolution proceeded in small steps. Although apparently at variance with Mendelism, the two traditions were eventually reconciled by the work of R.A. Fisher. Fisher was for many years director of the agricultural experimental station at Rothamsted, England, where he devised most of the statistical methods now used for designing and analysing quantitative experiments. He is also the father of modern quantitative genetics. Fisher showed that quantitative characters, such as height and weight, could be accounted for by the action of several Mendelian genes, each with variants of different effect, and that the blending behaviour seen in such cases was completely consistent with Mendelian genetics. With Sewall Wright, of the University of Chicago, and J.B.S. Haldane, then at Cambridge University, Fisher created what had since been known as 'the modern synthesis', which is essentially the theory of natural selection in terms of Mendelian genetics.

During the early 20th century there was great parallel increase of understanding about how living organisms transformed foodstuffs into energy and into the materials for growth. It had been shown that each metabolic step was one chemical transformation catalysed by an enzyme and that enzymes themselves were proteins. George Beadle and Edward Tatum, working at Stanford University, chose the bread mould *Neurospora crassa* as more amenable than *Drosophila* for biochemical studies. *Neurospora* can be grown on simple agar-based media and if a mutation causes the inability to synthesize a particular substance, the mould can still grow so long as this substance is added to the medium. Beadle and Tatum created many mutant strains by X-irradiation and showed that each mutation led to the lack of a specific enzyme. They concluded that genes either were enzymes, or controlled their formation. This was later encapsulated in the slogan 'one gene, one enzyme'.

So, by the beginning of the Second World War a lot was known about genes. It was understood that they lay on chromosomes in the cell nucleus, that each chromosome came as a pair, with one member from each parent, and that each gene somehow was responsible for the production or activity of a specific enzyme. It was known that changes in genes, mutations, could be evoked by X-rays, and also by certain chemical substances which were therefore called mutagens. What was not known was the chemical nature of the gene. What were genes actually made of? When Addison Gulick wrote his reviews this was a major issue. Like most others at the time he presumed that they were large molecules, probably consisting of proteins or protein complexes. But the identity of the molecules, how they could be replicated, and how they could control the formation of enzymes, remained a complete mystery.

DNA

Contrary to general belief, DNA has been known to biochemistry for a long time. It was discovered in 1869 by Friedrich Miescher, a Swiss physiological chemist working at the University of Tübingen in Germany. Miescher studied white blood cells which he obtained in large quantities by squeezing the pus out of the bandages of surgical patients. He isolated nuclei from the cells using the enzyme pepsin, then extracted them with weak alkali and precipitated with acid. The resultant substance, called nuclein, was found to contain phosphorus, but was quite unlike the other biological substances known at the time to contain phosphorus. Miescher considered the function of nuclein to be simply a store for phosphorus within the body. Subsequent progress was quite slow by modern standards. In contrast to biology, where a breeding experiment could be conducted almost as easily in 1880 as 1980, in chemistry the techniques of the late 19th century were very primitive. There were few methods for separating substances, with precipitation using salts or solvents being generally employed. There were also few methods for analysing even simple molecular structures, the mainstay being the purification of the substance followed by a determination of the proportions by weight of each chemical element that it contained. The difficulties were particularly severe in biological chemistry which deals with large molecules that are easily damaged by harsh conditions.

In the period 1880–1900, Albrecht Kossel working at the University of Berlin conducted extensive studies on nuclein. During this time the substance became known as 'nucleic acid' because of the acidity arising from its high content of phosphate groups. Kossel found that major constituents of nucleic acids were the five bases: adenine, thymine, cytosine, guanosine, and uracil. In chemistry a 'base' is an alkaline substance, and all of these substances are weakly alkaline because of the amino (NH_2) groups that they contain. They are usually represented by the single letter abbreviations: A, T, C, G, U. In the early 20th century extensive further chemical studies were made by Phoebus Levene at the Rockefeller Institute for Medical Research in New York. He identified the sugar ribose, and later its close relative deoxyribose, as components of nucleic acids. Most importantly, he worked out that nucleic acids were long molecules in which the bases, sugars, and phosphates were joined together in a chain. By 1935 the actual chemical structure of nucleic acids was essentially finalized with the identification of the positions of the base, and the attachments of the two phosphates on each sugar molecule (Figure 3). Without going into details, it will be appreciated that the potential number of ways of joining bases, sugars, and

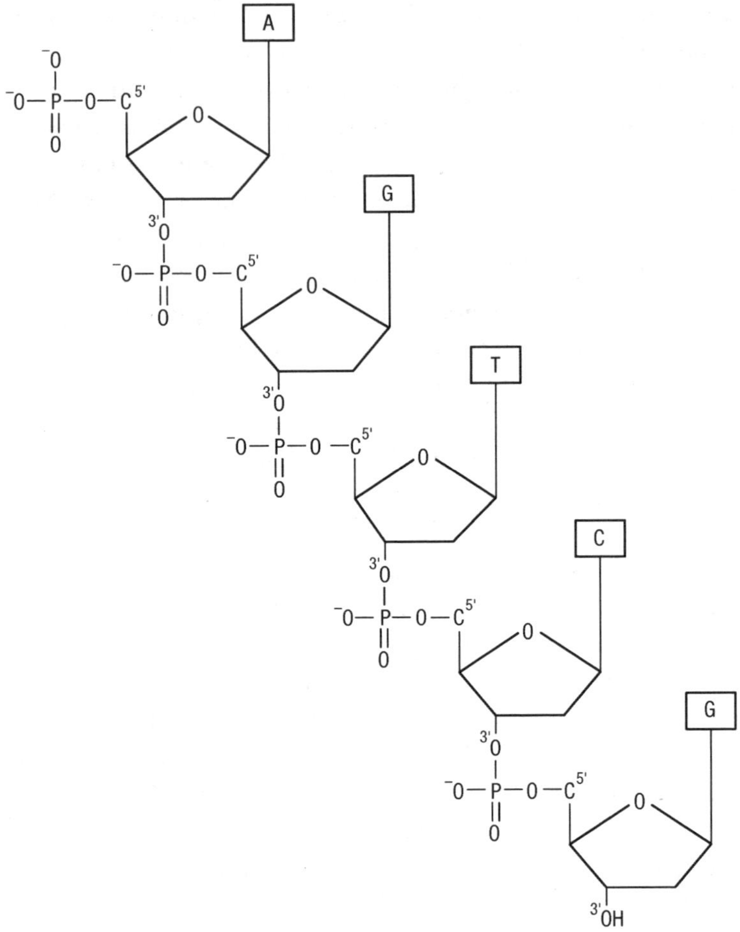

3. DNA 2D structure. This shows a chemical structure of five nucleotides only. Each nucleotide consists of the sugar which contains a ring of four carbon and one oxygen atoms, attached to a base, depicted here just as A, C, G, T, and to the adjacent sugar by a phosphate group. 5′ and 3′ are numbers given to the different carbon atoms of the sugar

phosphates together is huge, and the discovery that bases lay on the 1′ position of the sugar and phosphates on the 3′ and 5′ positions (the primed numbers indicating the individual carbon atoms of the sugar), was a major advance in understanding the structure.

In terms of chemical nomenclature, a *nucleoside* consists of a base joined to a sugar, a *nucleotide* consists of a nucleoside joined to a phosphate group, and a *nucleic acid* consists of several nucleotides joined together, as shown in Figure 3. During the 1920s it had become appreciated that there were two major classes of nucleic acid. 'Animal nucleic acid' (now called deoxyribonucleic acid or DNA) contained deoxyribose as the sugar and A, C, G, and T as bases. 'Plant nucleic acid' (now called ribonucleic acid or RNA) contained ribose as the sugar and A, C, G, and U as the bases. In reality animals and plants both contain DNA and RNA, but DNA is found mostly in cell nuclei and RNA in the surrounding cytoplasm. The names arose because DNA had been generally extracted from calf thymus which contains a lot of cells with large nuclei and little cytoplasm, while RNA was usually extracted from yeast which has a small nucleus and a lot of cytoplasm. By the end of the 1930s it was understood that the 'animal' and 'plant' nomenclature was not appropriate.

So, by the time of Addison Gulick's reviews, a very accurate picture of the gene had been built up from biological studies, and the chemistry of DNA and RNA had been largely worked out. So why did nobody realize that genes were made of DNA? There were in fact two very good reasons. First, the most popular view about the structure of DNA was that it was a tetranucleotide, in other words each molecule consisted of one of each of the nucleotides containing A, C, G, and T. This was believed because when DNA was degraded, approximately equal amounts of each of the four bases were recovered. Also measurements of the molecular weight of DNA indicated a value of about 1,500, equivalent in size to four nucleotides joined together. A tetranucleotide would be a rather simple structure compared to the proteins which were known to be much larger and more complex molecules, and it seemed impossible for genetic information to be stored in something as simple as a tetranucleotide. On the biological side, chromosomes were known to contain genes and they also contained DNA. However, when cells in the course of division were viewed down the microscope using stains that reacted specifically with DNA, the colour was lost during the cell division process. This suggested that the DNA became degraded and resynthesized in every cell cycle, hardly behaviour compatible with the known long-term stability of the genes.

The chemical nature of the gene

Some of the most exciting discoveries in the life sciences have been of the type where a particular substance is identified as being responsible for a biological phenomenon. In this category belong hormones, vitamins, and enzymes. But perhaps none was quite so dramatic as the discovery of the chemical nature of genes. Genes are, after all, at the absolute centre of biology. Viewed with hindsight, discovery may seem painfully slow. But at the time, discovery of anything is remarkably difficult, and genes were no exception. After all, there was no guarantee that any one class of substance did make up the genes. Perhaps genes were made of many complex substances and it was the organization of huge molecular complexes that was all important. Perhaps even if pure genes could be analysed in terms of their constituent molecules there would be no clue as to how they actually worked.

In any case, you cannot identify a substance without a means of measuring its activity. In biochemistry this means you need a suitable bioassay, a procedure in which biological activity can be demonstrated and measured. In the 1930s there seemed no obvious way in which a gene might be put into a *Drosophila* or a *Neurospora* in order to change the properties of the organism. The bioassay for genes would need to involve something much simpler.

It had actually already been invented by Frederick Griffith working at the British Ministry of Health Pathological Laboratory. Griffith was studying the bacterium *Streptococcus pneumoniae*, a major cause of human pneumonia as well as many other infections. These bacteria come in various subtypes. The 'smooth' forms have slimy capsules around the cells that enable them to evade the immune system of the host, while the 'rough' forms do not. Accordingly the smooth forms are much more pathogenic. The names 'smooth' and 'rough' actually relate to the appearance of colonies of the bacteria when grown on agar plates. The key experiment of Griffith, published in 1928, was to show that when mice were infected with rough bacteria plus heat-killed smooth ones, they would die, and then live, true-breeding, smooth bacteria could be recovered from the carcass. This did not occur with rough bacteria alone, or with heat-killed smooth bacteria alone. The implication was that genes responsible for the formation of the smooth capsules had passed from the dead bacteria to the live ones.

The work was taken further by the lab of Oswald Avery and various coworkers at the Rockefeller Institute for Medical Research, New York. An important step forward was to show that the effect would work in vitro. Rough bacteria treated with chemical extracts of the smooth type would indeed yield smooth colonies on agar plates, so the phenomenon did not require intact mice with all the complexities of infection and immunity that are going on in a whole animal. Eventually the extracts from the smooth bacteria were purified to a high degree and were shown to conform to the chemical composition of DNA. Moreover the activity could be destroyed by specific DNA-degrading enzymes, but not by other treatments. The seminal paper, published in 1944, is very cautious in its interpretation, and it only speculates about the identity of the 'transforming principle' with a gene. It did not create any great sensation at the time and was only moderately cited in other works. However, its conclusions had been noted by two individuals who were to play a big role in events to come. They were Francis Crick and James Watson, and Avery's paper convinced them that DNA was really, really, important stuff.

Chapter 2
Genes as DNA

The double helix

After 1944, and as a result of Avery's experiments, it was known to a small group of cognoscenti that at least one type of gene, found in the *Pneumococcus*, consisted of deoxyribonucleic acid (DNA). Over the next 20 years a remarkable set of discoveries established the overall shape of modern molecular biology and this story has been core textbook material ever since. Best known among these events was the discovery of the three dimensional structure of DNA: the famous double helix.

The chemical studies of the previous hundred years had shown that the structure of the DNA molecule consisted of a long chain of the four nucleotides, A, T, C, and G, joined by phosphate groups. But there was an important aspect of the chemical structure that was still unknown: the three-dimensional arrangement of these components in space. This was deduced by a combination of X-ray diffraction studies carried out by Maurice Wilkins and Rosalind Franklin of King's College London, and molecular model building by James Watson and Francis Crick at the University of Cambridge. Their work was recognized by the award of the Nobel Prize for Physiology/Medicine in 1962 (Rosalind Franklin was not a prize winner due to her early death in 1958, but her achievement is considered seminal).

The model building work was greatly helped by a critical piece of chemical information that had recently been discovered by Erwin Chargaff at Columbia University. This was the fact that DNA contained equal numbers of molecules of A and T, and equal numbers of C and G. On the other hand, the ratio of A+T/C+G varied with the organism from which the DNA was isolated. Previously it had been thought that all four nucleotides occurred in equal proportions, hence the tetranucleotide hypothesis, but Chargaff's measurements were more accurate than those of the 1920s and 1930s and suggested that A molecules must be in some way associated with Ts, and Cs associated with Gs.

Although molecular structure does not always explain function, it turned out that the three dimensional structure of DNA did, in fact, explain how the substance could act as the genetic material. One molecule of DNA consists of two strands, lying in opposite senses in a helical configuration. They are held together by attractive forces (hydrogen bonds) between the bases, such that A pairs with T and C pairs with G (Figure 4). This base pairing was consistent with 'Chargaff's rule': A–T and C–G. Because the structure consisted of two complementary strands this immediately suggested that DNA could be replicated by separating the two strands and assembling a new complementary strand on each, such that a new A is inserted opposite every T and a new C opposite every G. The drama of the events leading up to the discovery of the structure of DNA is nicely recounted in James Watson's book *The Double Helix* (1968).

Evidence that DNA actually did replicate in the way proposed was soon obtained. Prior to each cell division, the entire DNA content of each chromosome becomes copied into two double helical molecules, each containing one of the original strands and one newly synthesized strand. When cells divide, one of the two identical double stranded molecules goes to one of the daughter cells and the other copy goes to the other daughter. Hence both daughter cells have exactly the same genes as the original cell.

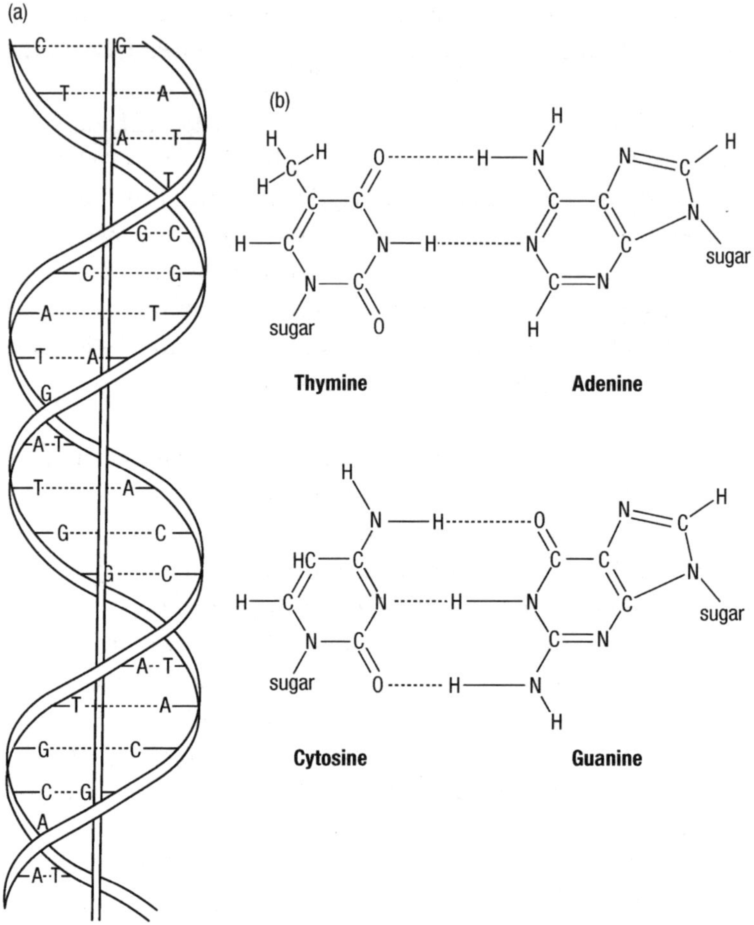

4. DNA 3D structure. (a) DNA is a double helix consisting of two strands running in opposite directions. The strands are held together by hydrogen bonds between the bases; (b) Base pairs formed by A–T and C–G

It was known that genes were responsible for making enzymes and other proteins. Proteins consist of chains composed of amino acids of which there are 20 main types. How could a sequence of four types of unit: A, T, C, G control formation of another sequence drawn from 20 types of unit? This became known as the problem of the genetic code. DNA has four different kinds of base so there are 16 possible permutations of two bases and 64 possible permutations of three bases. From this calculation it was early reasoned that it would need at least three bases to specify a particular one of the amino acids. The actual chemical machinery for making protein in accordance with the DNA sequence turned out to be very complex and to involve several kinds of ribonucleic acid (RNA) (Figure 5). First the gene, which is a sequence of nucleotides on one strand of the DNA double helix, is copied into messenger RNA in a process called *transcription*, which is carried out by a number of enzymes and other proteins. During

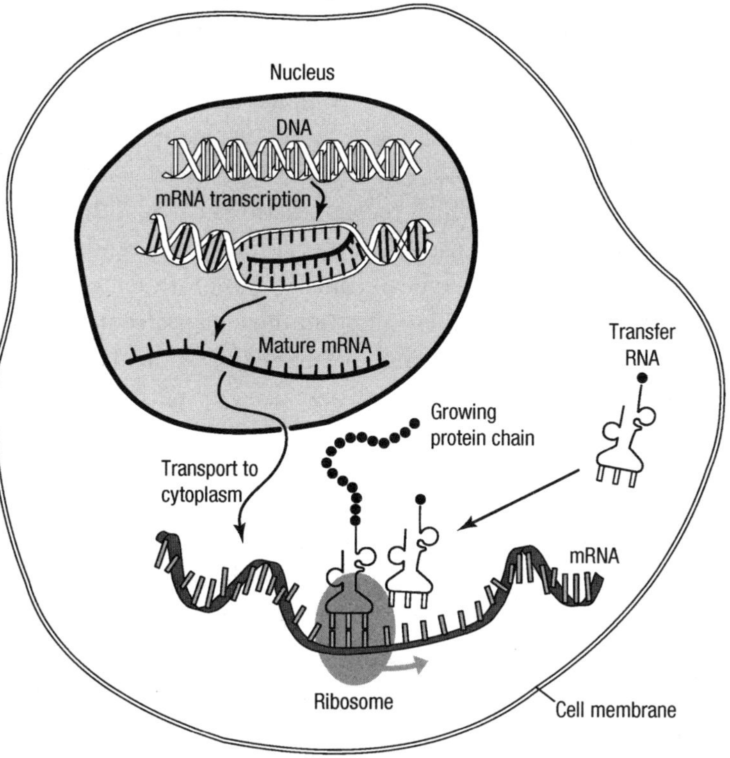

5. Protein synthesis. First the sequence of the gene is copied into messenger RNA (mRNA). This moves to the cell cytoplasm and a protein chain is assembled according to the sequence with one amino acid represented by each of the triplets of 3 nucleotides

transcription the RNA strand is assembled by placing each of the four bases opposite its complement in the DNA sequence. RNA is a single stranded molecule and also has four bases except that uracil (U) is used in place of the thymine (T) in DNA. During transcription U is inserted opposite A in DNA, and the other pairs are as usual: A goes opposite T, C opposite G, G opposite C. The messenger RNA then moves from the cell nucleus, where the DNA is located, into the cytoplasm, where it associates with ribosomes. These are complex bodies each consisting of three or four molecules of RNA together with about one hundred specific molecules of protein. The RNA of ribosomes does not have an informational function like messenger RNA; it is structural, serving to hold the ribosome together and to carry out its catalytic functions. In order to assemble a protein, a number of amino acid molecules need to be joined into a linear chain. First, individual amino acid molecules in the cytoplasm become attached to transfer RNAs. The transfer RNAs each contain a three base sequence which recognizes three bases of the messenger RNA by the usual complementarity rules (A binds U; C binds G). There is one type of transfer RNA for each triplet. Each tRNA molecule brings in one amino acid molecule which becomes joined to the growing protein chain. Of the 64 permutations of A, C, U, and G, 61 are used to specify amino acids, and are recognized by specific transfer RNAs. The other three are used as terminators, to specify the end of the protein chain. Once this is reached, the protein is complete and detaches from the ribosome. The relationship between the 64 base triplets in messenger RNA and the 20 amino acids is known as the *genetic code*. The code is 'degenerate' in that several triplets can specify the same amino acid. Some amino acids have as many as six triplets, others have four, two, or just one.

The intellectual package consisting of the double helical structure of DNA, its semiconservative replication, messenger RNA, and the genetic code, comprises the intellectual foundation of modern molecular biology. These facts were discovered by a relatively small group of people in the ten years following the discovery of the double helix. Since the 1960s the structure of genes and the mechanisms of gene activity and protein synthesis have been studied in enormous detail by hundreds of thousands of people. The current textbook picture is very complex and involves thousands of individual molecular components. However the essence of the process remains as described here.

The second generation of molecular biology involved its conversion into a practical toolkit for analysing and modifying living organisms. This occurred later, in the 1970s and 1980s, and involved the introduction of a number of techniques that have now become extremely powerful. They include molecular cloning, whereby single genes can be isolated and expanded to a quantity suitable for practical applications. Genes can be introduced into organisms by a whole range of methods, often based on the use of viruses that normally introduce genes into bacteria or animal cells. Also in the molecular biology toolkit is DNA sequencing, which is a suite of chemical techniques for determining the order, or 'sequence', of A, T, C, and G in the molecules of a DNA sample. Sequencing techniques have become automated and massively powerful such that, at the time of writing, the sequence of a whole human genome can now be determined in a few hours for a few thousand dollars. In addition there are several sensitive techniques for measuring the amounts of specific genes or gene products in cells and tissue samples. These depend on the recognition of complementary nucleic acid molecules (hybridization) and on amplification of samples by a method resembling normal DNA replication (polymerase chain reaction). Such methods enable the accurate measurement of very small quantities of specific types of DNA or RNA in biological samples.

What is a gene?

This is a question often set as an essay topic for starting undergraduates in the life sciences. In one sense the answer is simple: 'a gene is a piece of DNA'. But even within the framework of molecular biology things are much more complex than this. A sequence within the DNA that actually specifies a protein in the way described above is called a 'coding region'. Even the relatively simple genes of bacteria possess some regulatory sequences in addition to the coding region, and genes in animals or plants are much more complex. Only a small fraction of their total DNA consists of protein-coding genes and only a small part of these genes are actually coding regions. In animals and plants, genes are split up into several segments called exons. In between the exons are substantial lengths of sequence called introns. The RNA transcript starts somewhat before the triplet for the first amino acid and finishes somewhat after the termination triplet, including both exons and introns. The introns are then spliced out to generate a shorter mature messenger RNA, containing only the sequences complementary to the exons. This mature messenger RNA is transported to the cell cytoplasm. Even in the mature messenger RNA there is a region at each end that does not code for protein. 'The gene' (Figure 6) is usually considered to include the introns, the promoter sequence where transcription begins, and sometimes also the regulatory sequences in the DNA, controlling gene expression. The regulatory regions which determine in which cell types the gene is active can be quite complex, and much larger than the coding region itself.

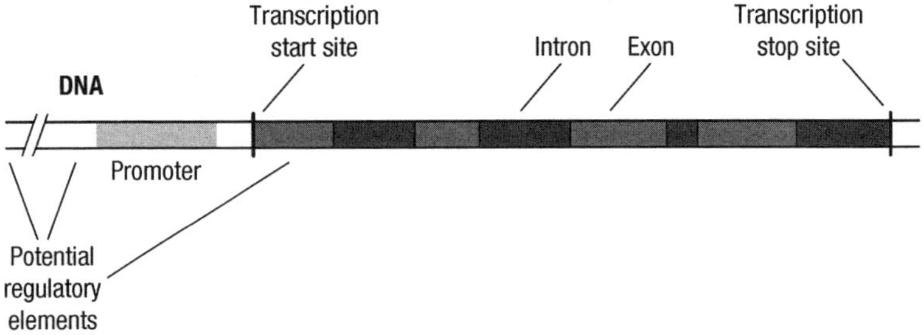

6. Gene structure. This shows the structure of a gene in an animal or plant; bacterial genes do not have introns

A particular gene is found on just one of the strands of the DNA double helix. But other genes may be present on the other strand. Because of the large gaps between the functional parts of a gene, it is possible for genes to overlap, either on the same DNA strand, or more usually on opposite strands. Overlap of actual coding regions is unusual as there is obviously a severe constraint on the amino acids that could be coded simultaneously by the complementary strands running in opposite directions, but overlap of terminal sequences or introns, where there are few constraints on the possible sequence, is not uncommon.

Some genes encode RNA but not protein. These include the ribosomal and transfer RNAs already mentioned, but there is also a whole host of other RNAs such as microRNAs and long noncoding RNAs, which may be very numerous and whose functions are still uncertain.

Notwithstanding all these complexities, the gene of the molecular biologist is still a piece of DNA that has a function: whether protein coding, RNA coding or regulatory. As we shall see, the word 'gene' is now used in many life science specialities also to indicate non-coding and probably functionless sequences of DNA.

Each cell in an organism contains a nucleus with chromosomes which can be visualized down the microscope as short threads. Chromosomes are only visible during cell division. When cells are not dividing the chromosomes are not visible, but they are still there. Each is a single, very long, double helical molecule of DNA, containing many genes. Each chromosome comes in two copies, one from the mother and one from the father (Figure 7). Before a cell divides, the chromosomes are copied by replication of the DNA such that each double helical molecule becomes two double helical molecules. So each gene is present in each cell as two copies (one maternal and one paternal) before DNA replication and four copies (two identical maternal and two identical paternal) afterwards. When the cell divides, in the normal manner

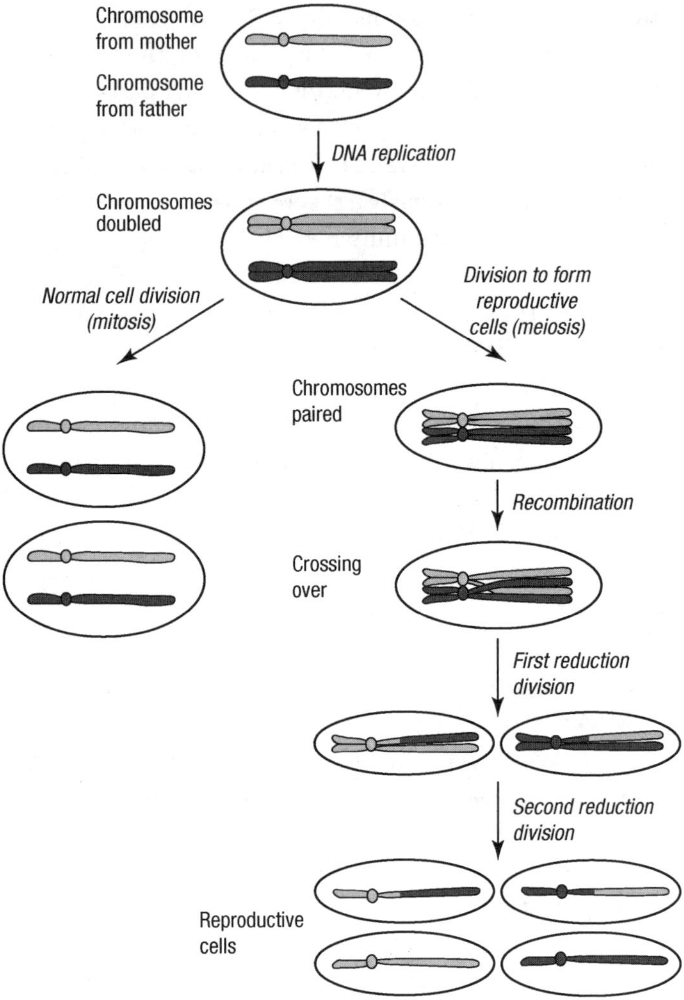

7. Behaviour of chromosomes on cell division. On the left is shown normal cell division (mitosis). On the right is shown the formation of reproductive cells (meiosis). In males all four cells would become sperm, but in females only one of the four would become an egg

which is called *mitosis,* the chromosomes themselves divide to separate the two identical DNA molecules, and they become partitioned equally to the nuclei of the two daughter cells. When reproductive cells are formed, a somewhat different cell division process called *meiosis* separates the maternal and paternal chromosome pairs, thus reducing the chromosome count in sperm or eggs to half of normal (Figure 7). Because maternal and paternal chromosomes segregate at random, each individual sperm or egg will contain a random selection from the two parents. The maternal and paternal chromosomes are also subject to recombination, whereby DNA molecules break and rejoin during the stage of chromosome pairing. So the degree of gene segregation is even greater than that achieved by the random assortment of whole chromosomes. When sperm and egg combine at fertilization, each supplies a single chromosome set and so the normal chromosome number is restored.

The complete sequence of all the DNA in a cell nucleus is called the 'genome'. With a few exceptions, the DNA in all cells of the body is identical so a sample of DNA from any tissue can be used to analyse the genome. Different individuals within a species have almost identical genes, although there are always some genes that differ slightly between individuals, consideration of which will represent much of the later part of this book. It is therefore possible to speak of 'the human genome' in which individual differences are ignored, and also an individual genome, in which every variant is specified.

Almost all animal and plant cells contain many small structures called mitochondria, responsible for the energy generation of the cell. These also contain DNA, which contains some of the genes encoding proteins from which the mitochondria are constructed. In the remote evolutionary past mitochondria were once free living microorganisms. This can be deduced from the fact that the sequences of the genes of their DNA are much more similar to those of modern bacteria than to their counterparts in the nuclear genome. At some stage the ancestor of mitochondria must have become incorporated into another cell to form a compound cell, or eukaryote, that was the common ancestor of all modern animals and plants (a process called 'endosymbiosis', Figure 8). Eukaryotes

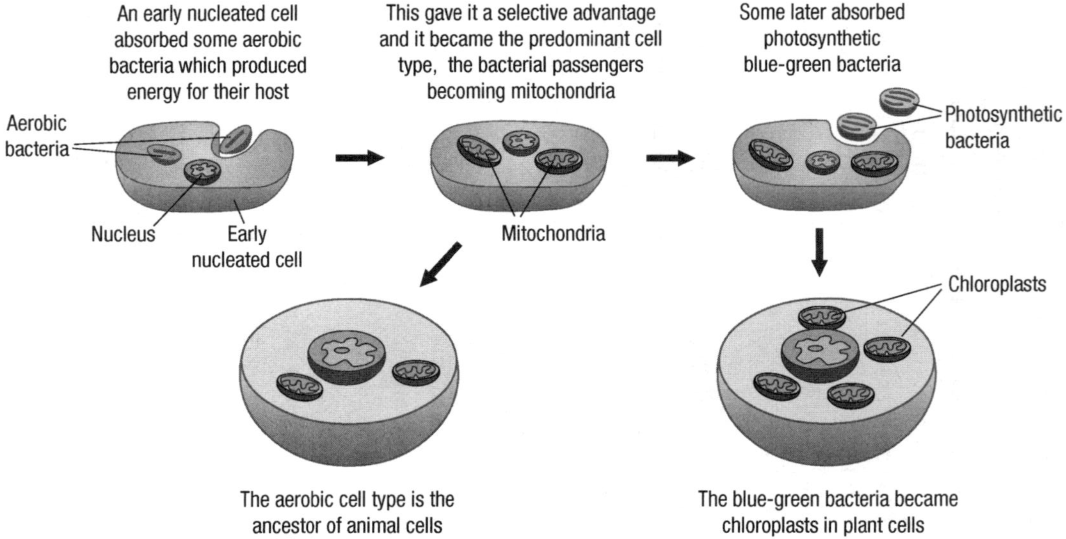

8. Endosymbiosis. It is believed that mitochondria and chloroplasts originated as free living bacteria that were incorporated into cells in the remote evolutionary past

have retained mitochondria with their own DNA ever since. As we shall see in Chapter 4, mitochondrial DNA turns out to be very useful for the tracing of ancestry through the female line, as any gene variants that become established are passed from the mother to all her offspring. The chloroplasts found in plants, which are responsible for photosynthesis, also contain their own DNA, and also resemble bacteria. It is thought that a second incorporation event occurred when the common ancestor to all plants engulfed the free living ancestor of all chloroplasts.

Genomics

In recent years the technology of genome sequencing has advanced enormously. At the time of writing it is possible to determine the complete sequence of the DNA from an individual human being very rapidly and for only a few thousand dollars. The '$1,000 human genome' is expected to be a reality very soon. Genomes of numerous animals, plants, and microorganisms have also been sequenced. This has generated, and will continue to generate, a mind-blowing amount of data. The human genome contains about three billion base pairs. Two different human individuals have genomes which are very slightly different so three billion more base pairs of information is generated for each individual who is sequenced. The storage, retrieval, and analysis of all this information has depended on massive computing power and has generated a whole new science of 'genomics'.

A typical genome contains much more non-coding DNA sequence than it does protein-coding DNA. There are methods for identifying genes, usually based on looking for regions that code for a long sequence of amino acids without any stop codons. These methods are not infallible and do not detect genes for which RNA is the final product, so the exact number of genes present in any complex organisms is still not certain. Animals have gene numbers in the range 13,000–30,000, so humans with about 20,000 are very typical in this regard. Plants tend to have rather more, in the range 25,000–45,000. Fungi have fewer at 5,000–11,000, and bacteria are the simplest organisms with 1,000–5,000 genes.

As indicated above, the ease of whole genome analysis has somewhat widened the concept of the gene itself. Only about 1.5 per cent of human DNA actually codes for protein and many genome-based studies do not look just at protein-coding genes but rather at the whole genome, including all of its non-protein coding expanses. Differences found between individuals may be correlated to disease susceptibility, or human migration, or forensic identification, but the DNA sequence variants examined are not necessarily functional genes. Instead they are 'markers' which are usually not genes at all in the molecular biology sense, although some may affect the activity of actual genes. As we shall see later, the genes of heritability studies and of evolutionary theory are even further away from hard molecular biology as most are not actually identified, and may even not exist at all. Their existence is inferred indirectly or simply postulated. So there are really many answers to the question 'what is a gene?' and to know the right answer it is important to understand the context of the question.

How genes make animals

In the 1980s and 1990s the mechanisms by which genes control embryonic development were discovered. These mechanisms are immensely complex, but the principles are quite simple (Figure 9). In essence different body parts or cell types are different because they express different sets of genes. The anatomy of an animal body is built up in a stepwise manner, starting with a single cell, the fertilized egg. In the first phase of development, called cleavage, the fertilized egg divides to form a sheet, or ball, of cells that are all very similar to one another. However there is always some asymmetry present. This often arises from the presence of substances originally localized in one region of the egg, which become inherited just by some of the daughter cells. The result of

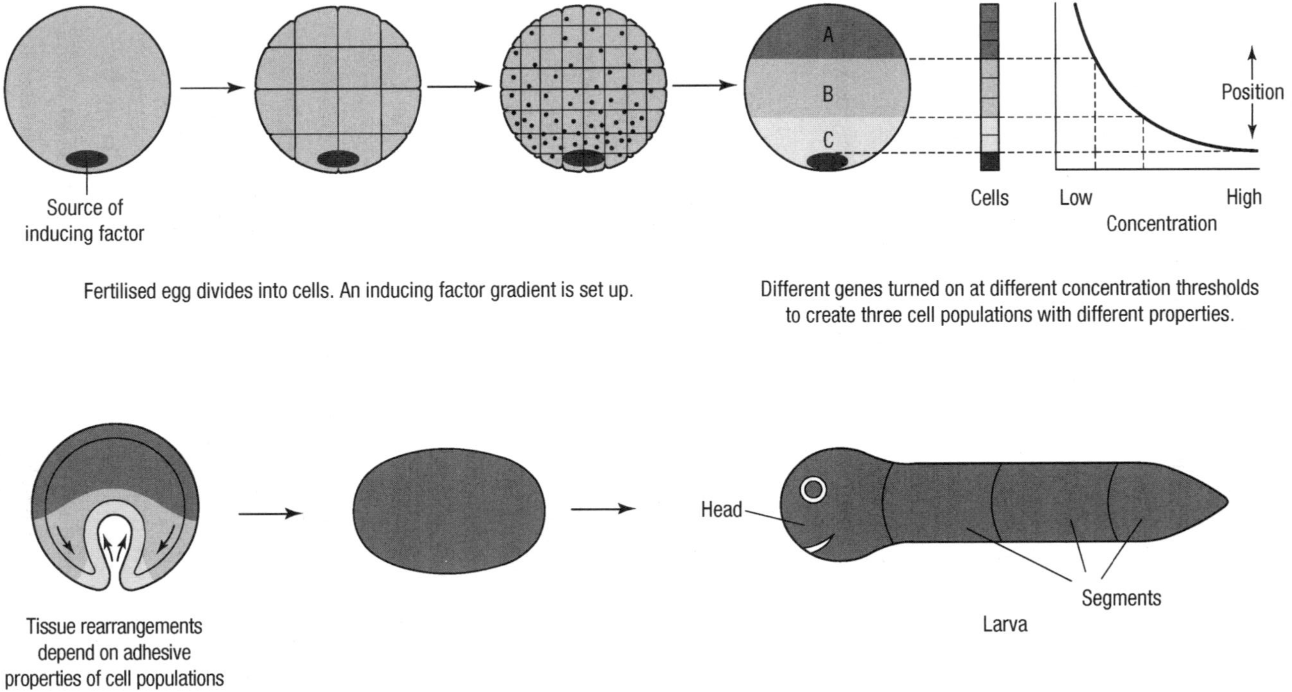

9. Development. Indication of how genes act to form the anatomy of an animal during embryonic development. This is enormously oversimplified but indicates how a gradient of an inducing factor can cause activation of different genes in different regions. These genes then cause the regions to behave differently in terms of cell movements and growth. In reality there are many cycles of signalling, responses, and cell movements, not just one

this asymmetry is that the cells at one end of the sheet of similar cells become specialized to secrete a chemical signal called an inducing factor. The inducing factor spreads out to form a gradient of concentration and the cells of the sheet respond to different threshold concentrations of the factor by activating the expression of specific genes. These generally encode transcription factors, which are proteins that control the expression of other genes. Because of the gradient of the inducing factor, different combinations of transcription factors are produced in different regions of the early cell sheet. This process generates a simple spatial pattern consisting of several sorts of cell, each in a distinct region, and this constitutes the primary body pattern. It is more complex than the initial situation in which there were only two cell types, the signalling and the responding cells.

The primary body pattern is still very simple compared to a whole animal, but each of the primary regions then becomes subdivided in the same way, with a graded signal from an adjacent region leading to formation of new boundaries of gene expression. With five or six cycles of subdivision a very complex anatomy can quickly be built up. The signals involved in these processes, and the genes turned on in response to them, have now been largely identified. The process described is called regional specification, and other processes which are essential to development occur simultaneously. Cell movements enable a single sheet of cells to become multilayered, and for specialized regions to move as a cell mass into neighbouring areas. Growth, driven by cell division, increases the overall size of the embryo, and may also generate differences of size between parts. The processes of regional specification, cell movement, and cell division are quite well understood and most of the key genes that control these events have been identified. Much less well understood is how the timing of development is carried out. We still do not understand why a mouse develops so much faster than a human, or even whether there is or is not any 'master clock' controlling development.

Although it is generally considered that the same genes are present in all cells of the body there are some exceptions to this. One important one is the cells of the immune system responsible for making antibodies and cell-based recognition of infection. The large gene repertoires responsible for these processes are based on an inherited set but are greatly augmented in variety by mutations occurring during development. This is why even identical twins can have different antibody responses. There are other mutational events, particularly common during development of the nervous system, which may help to cause some of the differences between individuals.

The molecular basis of development was worked out by studying embryos of a variety of experimental animals, including frogs, mice, fruit flies, and nematodes. One remarkable result from this work was the insight that the mechanism of development of different animals had a lot in common. Essentially the same genes and the same inducing signals are used to build a frog as a human, and even the fruit fly uses many of them. Of course they are not exactly the same, but when we talk of 'the same' gene in a human and a fly, we mean DNA sequences that share many bases, and generate proteins with similar biochemical functions and specificities. Such genes will often have the same name. The similarity arises because of evolution. One gene in the common ancestor of all animals gave rise to similar genes in humans and flies over 600 million years of evolution later. Although many mutations arise and the bases present at many positions are altered, not everything has changed and it is still possible to discern the relationship between even quite widely diverged genes.

The same general principles apply to plant development, although plant cells do not move around like animal cells and so the pattern that is laid down in a growing shoot or root apex remains the same thereafter. Also the actual genes and inducing signals involved in plant development are quite different from those found in animals, indicating that animals and plants evolved from different single-celled ancestors.

There has been some debate about whether it will ever be possible to 'compute' the final appearance of an organism from the DNA sequence of its genome. For a completely unknown organism, I suspect that the answer will always be 'no'. Although the organism is, in a sense, fully specified by its genome, the execution of development involves various higher-level processes, such as cell-signalling events and cell movements, which need to be studied and understood at their own level. It is true that if one were presented with the sequence of an unknown genome, it is always possible to compare it to known genomes and say what sort of organism it is because of its affinities. But what about organisms which may yet be discovered on other planets or other stars? They may have the same DNA as we do, and perhaps even the same genetic code and types of protein. But they will have a totally separate evolutionary history. It will almost certainly not be possible to say what kind of organism an alien genome encodes, just from knowing the DNA sequence, and especially if it contains more than a few thousand genes.

Despite the unlikelihood of being able to predict a whole organism from its genome, it is already possible to make accurate predictions of the developmental effects of removing or adding specific genes in well studied organisms. The technology for doing this exists in several experimental animals such as frogs, fish, or mice, and it is often possible to remove or add the activity of a gene from a specific region of the animal and to do so at a specific time in development. Such experiments make up a large part of contemporary developmental biology research. In terms of the ability to predict the effects of such changes, we can claim that we do now have a good understanding of the genome and how it controls development.

The human genome

The complete sequencing of a typical human genome was started in the late 1990s and achieved in 2003. At the time the technology was not nearly as good as it is now so the exercise, conducted by the US National Institutes of Health with some international partners such as the UK Wellcome Trust, cost nearly $3 billion. Analysis of the total sequence was a very complex exercise and is still going on today in terms of refinement of bioinformatic analysis. It showed that the genome of human beings contains about three billion base pairs of DNA. The process of gene identification is complex and it is hard to guarantee that all have been found, but the present count is about 20,500 protein coding genes. Perhaps surprisingly this gene number is no larger for humans than for most other types of animal, including some apparently quite simple animals, and it is smaller than found in many plants. A figure of 20,500 proteins has been considered by some to be 'not enough' to make up all the exquisite complexity of a human body. However, many of these proteins exist in multiple forms because of different intron removal patterns and chemical modifications after the initial synthesis. Moreover those genes involved in development are subject to very complex regulation from numerous regulatory elements in the DNA. In addition, the developmental identity of body parts and cell types is specified by combinations of transcription factors (proteins that control the activity of other genes) and the available combinations of just a few hundred such proteins make up a very large number, for example comfortably exceeding the number of nerve cells in a human brain, so the genome certainly does not lack resources for the job it has to undertake. The number of RNA-only coding genes is not so well established, but some estimates indicate that they may be very numerous, adding significantly to the overall complexity of the human genome.

The genome shows every sign of having arisen through a process of evolution. It seems unlikely that an 'intelligent designer' would have used so much DNA for the non-functional repeated sequences which make up about 45 per cent of the total genome. The existence of repeated sequences can however be explained through insertion, movement, and copying of transposable elements in the course of evolution. Many of these elements used to be viruses in the remote past. Once they enter and integrate into a genome the nature of DNA guarantees that they will be replicated forever, although the functional parts responsible for mobility are usually lost after a small number of generations. It is also unlikely that a 'designer' would have chosen to put just a few genes into the self-replicating mitochondria where they suffer from oxidative damage and poor DNA repair, thus generating many mutations, some of which are lethal to the whole organism. The human genome also includes about 15,000 'pseudogenes' which are not expressed but which have a clear sequence similarity to functional genes. These arose from gene duplication followed by accumulation of mutations in one copy.

All of this kind of information, obtained from genomic sequencing, indicates that the human genome shows every sign of having had a long past history of evolution, taking place partly by means of natural selection and partly by means of genetic drift, concepts discussed further in Chapter 6.

Chapter 3
Mutations and gene variants

So far we have been considering the nature of 'the gene' in the sense used by molecular biologists: the agent that is responsible for transmission of information from one generation to the next and which controls the development of the embryo. Genes in this sense determine that a mouse embryo shall always develop as a mouse and not as a dog or jellyfish or buttercup. Between any two humans, about 99.9 per cent of their genomes are identical in deoxyribonucleic acid (DNA) sequence. But about 0.1 per cent differs. When we hear of 'genes for cancer', 'Northern European genes', or 'genes for high IQ', it is not really genes but the *differences* between genes that are being referred to. Biologists refer to different versions of the same gene as 'alleles', but in this book I shall use the term 'gene variant'. Such differences may occur anywhere in the genome although between any two individuals they make up only a very small fraction of it. The place where a gene occurs in the genome, which may be occupied by the normal version or by a variant, is known as a 'locus'.

Ultimately all gene variants originate as mutations. Most variants in the genome of any given individual are not new mutations but have been inherited from previous generations, however, they did originate at some time in the past as new mutations. Because of this the terms 'gene variant' and 'mutation' are often used interchangeably. We shall consider later the nature of genetic variation within populations and focus for now on mutations themselves.

Mutations

Since the original discovery of mutations by de Vries, it has been known that alterations of the genome of an individual can occur suddenly. Any of numerous possible types of chemical change to the DNA double helix can be a mutation. Mutations can occur in any cell of the body but in order to be inherited they must occur in the DNA of the reproductive cells that are destined to form sperm or eggs. Mutations occurring in other body cells may be important, for example they may contribute to the development of cancer, but they cannot be inherited by the next generation. Because most changes in the DNA sequence are introduced during DNA synthesis, mutations are much more common in cells that are dividing compared to those that are quiescent. Although the occurrence of mutations is random in relation to the consequent biological effects, it is not random throughout the genome. There are some 'hot spots' which may reflect ease of access of the DNA to reactive chemicals or to the enzymes that repair DNA damage.

The simplest kind of mutation is the change of one base to another. This can occur through purely random chemical processes. For example the base guanine normally occurs in the 'keto' form. But it can occasionally flip to the less stable 'enol' form (Figure 10). The enol form of G pairs with T rather than with C. So when DNA synthesis occurs, a T is inserted opposite the enol-G. At the next round of replication this T will be paired with A, so a permanent and heritable change will have occurred. Single base changes can also arise from chemical damage which may be caused by reactive chemicals called mutagens. For example ethyl nitrosourea is commonly used in biological experimentation. This adds an ethyl group (C_2H_5-) to position six of G which makes it pair with T instead of C. There are many types of mutagen present

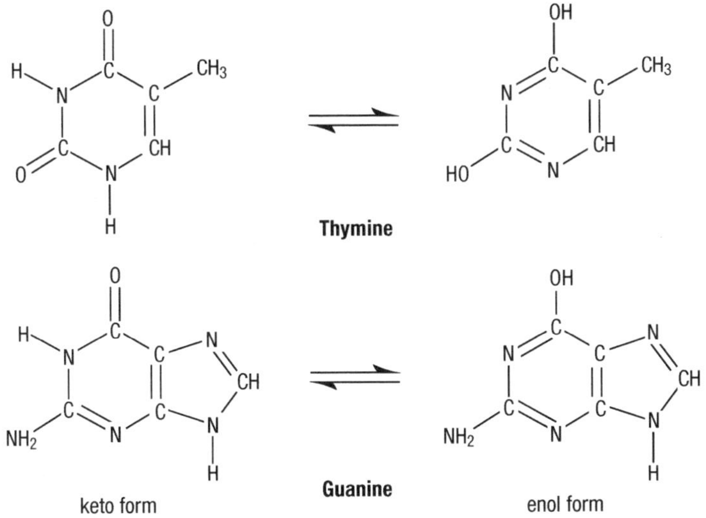

10. Keto-enol. Spontaneous changes of chemical structure which occur in DNA bases and can cause incorrect pairing of bases during DNA replication

at low levels in our environment, for example generated by smoking of cigarettes, chemical changes in food during cooking, or produced by moulds growing on food. Depending on the precise chemistry involved, in some cases reaction of a mutagen with a base causes mispairing, while in others it causes a repair process to start which involves removal of part of the DNA strand and its resynthesis to close the gap. This process may introduce errors, which are heritable mutations. Ultraviolet (UV) light, encountered in sunlight or at tanning salons, can join together adjacent thymines, which are then excised and repaired, again with the possibility of error. This is why UV light is a cause of skin cancer although not of mutations heritable by offspring since its effects are largely confined to the skin. Ionizing radiation (medical X-rays or background radioactivity) produces double stranded breaks, which are harder to repair and lead to more errors when they are repaired. Ionizing radiation is highly penetrative into the body so can cause heritable mutations in reproductive cells as well as in the rest of the body. The presence of multiple reiterated sequences in the DNA also makes mutation likely. During DNA replication, a change of register can occur such that the number of repeats becomes increased or decreased. Although such repeats are not usually present in protein coding genes, changes can have effects on the activity of neighbouring genes. The biggest changes to DNA can be so large as to affect the visible structure of chromosomes, and can be seen down the microscope, for example as a transposition of a chromosome segment to another chromosome. But the vast majority of mutations are of molecular dimension and cannot be seen down the microscope.

Any of the above types of mutation may or may not alter a protein. To do so it needs to be in a protein coding sequence and it needs to alter one or more base triplet from one amino acid to another. In developmental biology, mutations are classified as loss-of-function or gain-of-function. A loss-of-function mutation may prevent the production of the protein, or reduce its metabolic or functional activity. So long as the other copy of the gene is still in working order, the overall activity of the protein cannot be reduced below 50 per cent. This is often enough to maintain normal function and so loss-of-function mutations usually only show effects if both copies of the gene are affected. In general, gene variants that only show an effect when both copies are affected are known as *recessive* to the normal version. In the converse case, where presence of the variant in only one copy has a visible effect, the variant is called *dominant* over the normal version. If 50 per cent of gene activity is not enough for normal function, one copy of a loss-of-function variant will cause an effect, and it will be classified as dominant, although the lack of both copies will have a much stronger effect. Gain-of-function mutations come in several types, all of which are usually genetically dominant. Many represent 'constitutive activity' of a protein. For example a cell surface molecule that is normally stimulated by a hormone may be mutated so it is active all the time, whether the hormone is present or not. Some are 'dominant negative' and produce a toxic product that inactivates the product of the normal gene copy, for example by forming inactive molecular complexes with it. Both these types of mutation are genetically dominant because the effect will be exerted whatever the nature of the other copy of the gene.

Recently the use of whole genome sequencing has made it possible to calculate the mutation rate of human beings fairly accurately. It is about 1.2×10^{-8} per nucleotide per generation. In other words any individual is likely to carry about 63 new mutations. These mutations arise during development of the sperm or eggs of the parents, and here there is an interesting asymmetry. Female reproductive cells only divide during embryonic life and a girl is born with her entire lifetime supply of eggs already formed. But in males sperm are produced throughout life from stem cells, so by the time it is formed the average sperm has passed through many more DNA replication cycles than the average egg. Because mutations are established mostly during DNA replication this means that more mutations are inherited from fathers than from mothers. A recent study in Iceland indicated that each individual inherited about 14 new mutations from the mother and 55 from the father. Moreover individuals have about twice the number of new mutations if the father is aged 40 compared to 20. There is also a correlation with maternal age since people tend to marry partners of a similar age, but the effect is thought to arise mostly from the accumulation of mutations in the sperm-forming stem cells of the father.

Gene variants in populations

Since all cells of each organism contains a chromosome set from the mother and one from the father, they all contain two copies of each gene. If these are alike the individual is said to be *homozygous* and if they are different the individual is *heterozygous* for that particular locus in the genome. If a gene variant is recessive to the normal form, in other words its effect is not manifested in the presence of the normal form, the heterozygotes are known as 'carriers' because they 'carry' the trait to future generations without displaying it themselves. When two carriers of a recessive variant mate, 25 per cent of offspring will be homozygous for the variant and will display the effects, 50 per cent will inherit one copy of the variant and be carriers themselves, and the other 25 per cent will have two normal copies of the gene, just as shown in Figure 2 relating to the colour of peas.

Because gene variants are mostly inherited from previous generations, the frequency of a particular gene variant in the population is generally much higher than the new mutation rate leading to formation of the variant. The only exception is if the mutation is completely lethal and dominant, in which case all individuals acquiring it will fail to reproduce, and the prevalence in the population will equal the mutation rate (about 0.0001 per cent per gene). A gene variant that is completely lethal but fully recessive will be present at about 0.1 per cent individuals because this is the frequency at which new mutations are balanced by the non-reproduction of individuals who inherit two copies from their carrier parents. Gene variants that are not completely lethal can be expected to be present at higher frequencies than this. In fact many are completely neutral, with no effect on the reproductive performance of their carriers. In this case their frequency is governed just by chance sampling from one generation to the next and can range from zero to almost 100 per cent. If the frequency of a gene variant actually reaches 100 per cent it becomes, by definition, the normal form (this process is shown later in Chapter 6).

In addition to these considerations based on the new mutation rate, there are several other factors that may affect the frequency of a particular gene variant in the population. This issue is particularly significant for disease-causing mutations that seem to be present at a higher level than would be expected from the balance between mutation and selection. For example, sickle cell anaemia is a common disease that affects the structure of haemoglobin, the protein of red blood cells responsible for carriage of oxygen. Sickle cell disease is caused by a single nucleotide change which alters the amino acid glutamic acid to valine at position six of the haemoglobin beta protein. In heterozygotes, 50 per cent of the protein is still normal and there are few deleterious effects. But in homozygotes all of the haemoglobin beta is in the abnormal form and tends to form molecular complexes, reducing function and altering the shape of the red blood cells to the characteristic 'sickle' form. The disease has multiple pathologies. Every so often the abnormal cells occlude blood vessels leading to painful crises in which organ damage can occur. Patients often lose the function of their spleen early on and are vulnerable to infections. Even today, for those fortunate enough to receive optimal treatment, the life span is considerably reduced. In the past it would have been very short and few sufferers from the disease would have reproduced. For a disease that has minimal effects on heterozygotes but largely prevents reproduction in homozygotes, we might expect a gene frequency of about 0.1 per cent and a disease prevalence of about 0.0001 per cent. However it can be much higher than this. In parts of west Africa the gene frequency is about 20 per cent and the prevalence of the disease about 4 per cent. This is because the heterozygous condition itself confers a selective advantage, which is a degree of resistance to malaria. The malarial parasite lives in red blood cells but in the carriers these cells are somewhat more fragile than usual and often rupture before the parasite can reproduce. This situation, where the heterozygote is fitter than either homozygote, is one commonly encountered cause for high frequencies of otherwise deleterious gene variants.

Another possible cause for high variant frequency is historical. For example, Ashkenazi Jews have a higher than expected frequency of a gene variant causing Tay-Sachs disease, which involves an inability to degrade certain types of lipid that are components of the cell surface, and leads to an early death due to the accumulation of these lipids in neurons. Among American Ashkenazis the proportion of carriers is about 3.3 per cent and that of affected births about 0.027 per cent. In the case of Tay-Sachs disease there is no known advantage for heterozygotes and it has been speculated that the reason for the relatively high prevalence is the severe historic contractions of the Jewish population due to suppression of the Jewish rebellion by the Romans in the year AD 75, and again during pogroms in the period AD 1000–1400. If a small number of individuals give rise to a large population, any gene variants that they happen to carry will be overrepresented in the later population. Eventually an evolutionary equilibrium will be re-established by natural selection against the variant, but this will take a very long time for a deleterious recessive gene variant because the vast majority of the mutant genes are located in symptomless carriers.

Cystic fibrosis

An example of a relatively common, recessive, loss-of-function, genetic disease is cystic fibrosis. This arises from mutations causing loss of activity of a protein, unimaginatively named cystic fibrosis transmembrane conductance regulator (CFTR). The gene is a particularly large one and is therefore quite susceptible to mutation. The protein is responsible for transport of chloride ions across cell membranes. CFTR is normally present in the cells of several tissues including particularly the lungs and the pancreas. The disease therefore manifests itself in various ways. In the lungs, the decreased transport of chloride ions thickens the secreted mucus and reduces its rate of clearance. This leads to difficulties in breathing and also increases the risk of respiratory infection. In the pancreas the effectiveness of secretion of digestive enzymes is greatly reduced, leading to damage to the organ and problems with digestion. In addition, male sufferers are usually infertile due to the failure of the tubes conducting sperm to the exterior to develop in embryonic life.

There are many different gene variants giving rise to cystic fibrosis, but all of them act by reducing the function of the CFTR protein. The most common variant worldwide is the loss of three nucleotides that cause the absence of one amino acid, phenylalanine, from position 508 in the protein (the mutation is called ΔF508). Different mutations cause different degrees of loss of function and so different degrees of severity of the disease. For example patients with two copies of mild mutations which preserve 5 per cent of protein function still display male infertility but do not have major effects on the lungs or digestive tract. Those with two copies of mutations preserving more than 10 per cent of normal activity do not show any significant abnormality at all.

The frequency of the cystic fibrosis gene variants in the population varies considerably in different parts of the world. The disease is rare in Asia but relatively common in Europe. For example, in the UK, about 1/25 people carry one copy of one of the mutations. This means about one sperm or egg in 50 contains a cystic fibrosis causing gene variant, as the reproductive cells inherit the paternal or maternal chromosome at random when they are formed. With random mating this means that about 1/(50×50) or 1/2,500 individuals are affected by the disease. In the UK, 75 per cent of the cystic fibrosis variants are the ΔF508 type referred to above. The frequency is remarkably high for such a serious disease variant given that until very recently no individual with the severe (ΔF508) type of cystic fibrosis would have survived to reproductive age. It has been speculated that the heterozygous state gives protection against some infectious diseases common in Europe that caused significant mortality. But no firm conclusion is yet possible on this.

The cystic fibrosis gene was identified and cloned as early as 1989. At the time it was hoped that it would be possible to introduce the normal gene into the airways of patients to cure the disease. Unfortunately after 20 years of effort this has still not proved possible due both to inefficient gene transfer into airway cells and to immune responses against the viruses used for gene delivery. Nor has the identification of the gene responsible enabled development of a new drug therapy targeted at the gene product. The more conventional treatments on offer have, however, improved a lot in recent decades. In the 1950s patients would die as babies, but now, with good physiotherapy, control of infection, and nutritional support, median survival extends to mid-adulthood. However, the disease continues to cause considerable suffering and the treatment is very arduous. When an effective gene therapy procedure is finally developed it will be most welcome.

Haemophilia

Haemophilia is another well-known genetic disease. Its inheritance differs from that of cystic fibrosis in that only males are usually affected. There are two main types of the disease: haemophilia A is due to the lack of a protein called factor VIII, and haemophilia B to the lack of a protein called factor IX. Both of these proteins are normally found in the blood and are needed for the normal blood clotting mechanism. So individuals suffering from haemophilia have little or no ability to clot their blood. This causes problems following any injury and can often lead to internal bleeding. Bleeding into joints causes arthritis and bleeding into the brain can lead to strokes and sudden death.

It is often considered that if a condition is genetic this means that it is incurable. But this is not so. Haemophilia can be successfully treated by periodically infusing the missing protein, factor VIII or IX, as appropriate. However, this is expensive; at the time of writing the annual cost is about $300,000. Before the era of modern treatment most haemophiliacs would die in childhood, but now the life expectancy is approaching the normal. Factors VIII and IX used to be extracted from pooled human blood and this unfortunately meant that many haemophiliacs became infected with AIDS when the epidemic started in the 1980s and many died as a result. Since the introduction of factors VIII and IX made by recombinant DNA methods this has not been a problem. Experiments have been conducted on gene therapy in which a normal copy of the gene is introduced into the liver, which is the organ that normally produces the two proteins and it is likely that this will eventually become the preferred treatment.

Many different mutations in the genes for factors VIII and IX can cause haemophilia. Because the effects on the protein vary from partial to complete loss of function there is considerable variation in the severity of the disease depending on which mutation is responsible. About 1/3 cases are due to new mutations and about 2/3 to inheritance of the gene variants from the parents. The incidence is about 1/10,000 births for haemophilia A and 1/50,000 for haemophilia B. Why does haemophilia occur almost entirely in males? This is because both genes lie on the X chromosome. In humans, as in all mammals, females have two X chromosomes and males have one X and one Y. If a female has one copy of a loss-of-function haemophiliac gene variant she will make 50 per cent of the appropriate clotting factor, which will be sufficient for most purposes, and so she will be an unaffected carrier. Her daughters have a 50 per cent chance of inheriting the mutant X chromosome and if they do they will likewise be carriers. Her sons will also have a 50 per cent chance of inheriting the mutant chromosome but those that do inherit it will all have the disease. This is because the other sex chromosome in males is the Y chromosome from the father and this does not contain either of the factor VIII or IX genes. So the male with a haemophilic variant on his X chromosome will be defective in clotting factor. It is not impossible for a female to have haemophilia but to do so she will need to inherit two copies of the mutation. This means she needs to be the daughter of a haemophiliac man and a carrier woman, which is obviously a fairly rare situation. Of course a haemophiliac father cannot pass the disease to his sons because they will necessarily acquire his Y chromosome and not his X chromosome. Because most of the genes found on the X chromosome are not present on the Y, there are many other sex-linked disorders due to mutations in these other genes. All are much more common in males than females.

The most famous carrier of haemophilia was Queen Victoria. She carried a new mutation for haemophilia B which presumably arose in her mother's egg-producing cells. She passed the disease to her own son Leopold who passed it on to his daughter Alice. Alice's son Prince Rupert bled to death after a car accident. Leopold himself died at the age of 30 after a fall. Victoria also passed the haemophiliac gene variant to her own daughter, also named Alice, who was the grandmother of Tsarevich Alexei Nikolaevich of Russia (Figure 11). He had the disease although he was executed before he died of it. In 2009, sequencing of DNA recovered from the skeletons of the Tsar's family confirmed that Alexei suffered from haemophilia B and that his mother, Alexandra Feodorovna, and sister, Anastasia, were both carriers. Victoria's daughter Beatrice was also a carrier, with the result that two princes of Spain, Alfonso Prince of Asturias and Infante

11. Romanov family. The seated man is Tsar Nicholas II, the last tsar of Russia. The crowned lady behind him is Empress Alexandra Feodorovna, carrier of haemophilia B, which was inherited from her maternal grandmother Queen Victoria. The boy is Alexei Nicolaevitch, their son, who suffered from haemophilia

Gonzalo, who were her grandsons, were affected and both died by bleeding to death after car accidents.

Achondroplasia

A well-known example of a dominant, gain-of-function condition is achondroplasia, which is the most common form of human dwarfism. The short stature is mostly due to abnormally short arms and legs, and there are some other skeletal abnormalities, for example usually a prominent forehead and bowed legs. Achondroplasia is a developmental abnormality arising from a mutation in the gene for a particular growth factor receptor known as fibroblast growth factor receptor 3 (FGFR3). The substances called fibroblast growth factors (FGFs) are very important in embryonic development and they act to stimulate FGF receptors which are molecules on the cell surface that send a biochemical signal into the cell to regulate expression of many genes. The gene variants causing achondroplasia cause the receptor to be active all the time rather than only when FGF binds to it. The FGFs have many functions but in skeletal development they normally act to reduce growth of cartilage and bone. So if the receptor is overactive, the inhibition is greater than normal and this leads to the abnormalities, especially the shortening of the long bones of the limbs. Because the defect is caused by an overactive protein, the abnormal variant is genetically dominant over the normal form and only a single copy of the gene variant is needed to cause the condition.

The incidence of achondroplasia is about 1/20,000 births. Unlike cystic fibrosis, where most cases arise from the coming together of gene variants already present in the population, about 80 per cent of cases of achondroplasia arise from new mutations. In nearly all of these a point mutation at nucleotide 1138 of the *FGFR3* gene causes a glycine to arginine substitution at protein position 380. Interestingly it has been found that virtually all of these new mutations arise in the father. This is partly because, as indicated above, all mutations are more likely to come from the father because of the large number of divisions of the sperm-forming stem cells, and the consequent continual risk of mutation at each DNA replication. There is indeed a strong correlation between the risk of achondroplasia and paternal age. However, this bias alone does not account for the lack of mutations in the mothers. In the case of constitutive mutations of FGF receptors it is possible that these confer some advantage to the sperm-forming stem cells, in terms of division rate, or even to the sperm themselves, in terms of increased motility and survival. FGF receptors have a wide variety of functions and these normally include stimulation of cell division, although, as we have seen, in cartilage FGFR activity reduces cell division.

Some cases of achondroplasia are inherited from achondroplastic parents. The condition does not prevent reproduction so affected individuals do have children. For a dominant gene variant the probability of passing to the offspring is 50 per cent, as the reproductive cells may carry either the normal or the mutant version of the gene at random. Achondroplastics do often marry each other. If both parents have one copy of the mutant variant then the risk of an achondroplastic child is 75 per cent. However, of these 1/3 (25 per cent of total offspring) will have two copies of the mutant gene. Compared with those having one copy, those with two copies are much more seriously affected and always die in utero or shortly after birth.

Note that the conventional idea of a genetic disease is something inherited from the parents and grandparents. But since most cases of achondroplasia arise from new mutations, it is a disease that it is not usually inherited in this sense although it is certainly genetic.

Holt-Oram syndrome

Unlike the other diseases mentioned here, this one is unlikely to be familiar to readers. It was first described in 1960 and is rare, with an incidence of about 1/100,000 births. But it exemplifies a number of interesting features. It is a dominant developmental disorder which affects the arms (but not the legs) and the heart. The bones of the wrist are usually abnormal, the long bones of the arm may be missing and extra digits may be present. In the heart there are often holes in the wall separating the right and left sides. The mutations occur in the gene encoding a transcription factor called TBX5. Transcription factors are proteins that control the activity of other genes in a specific manner and about 200 of them are of critical importance in embryonic development. The genes for the transcription factors themselves become active in response to the graded inductive signals that control the subdivision of the early embryo. They then activate many other genes. One transcription factor controls many genes, and each gene is usually regulated by several transcription factors so there is a lot of complexity to the 'wiring diagram' of the developmental programme. Studies by developmental biologists identified *Tbx5* as being necessary for the normal development of the forelimbs (but not the hindlimbs), and the heart (Figure 12). Once you know these facts about development it is no longer a surprise that individuals carrying mutations in the gene have defects both in the forelimbs and heart, but before this was known the clinical syndrome was completely baffling. Several different mutations in the *Tbx5* gene can all cause Holt-Oram syndrome and most of them reduce or abolish the function of the protein. This is a case where the genetic dominance arises because 50 per cent of normal gene activity is not enough, so inheriting just one copy of the inactive gene from a parent leads to the condition. Holt-Oram syndrome is not lethal and a proportion of cases arise by direct inheritance of the gene variant from an affected parent. Quite a few also arise from new mutations. It is believed on the basis of studies of this same mutation in the mouse that an individual inheriting two copies of the mutant gene and thus lacking all *Tbx5* function would most likely die early in pregnancy.

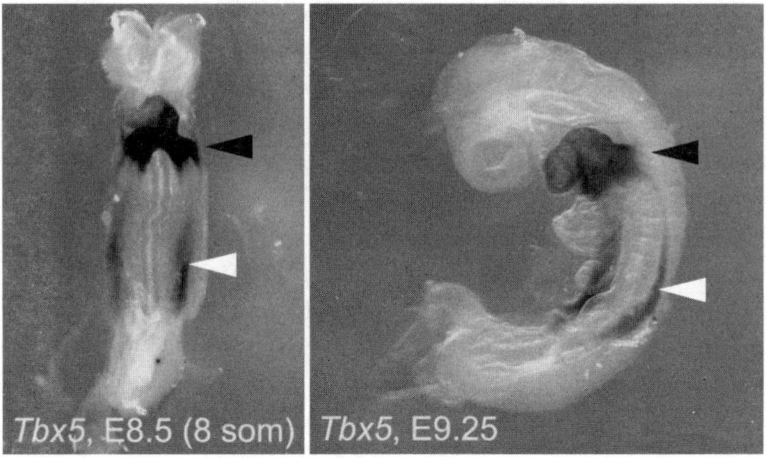

12. *Tbx5*. Expression of the gene *Tbx5* in the early mouse embryo. The dark patches represent regions of gene activity visualized by a technique called in situ hybridization. Note the activity both in the developing heart (black arrowheads) and limbs (white arrowheads). E8.5 and E9.25 indicate the gestational age in days

Genetic predisposition and cancer

The examples of genetic disease considered so far are due to a single mutation in one gene. In such cases the inheritance of the abnormal gene variant follows simple Mendelian rules and the level of risk can be predicted accurately by genetic counsellors if they know the genetic makeup of the parents. However, most human diseases that have a hereditary component are not nearly so simple. Usually gene variants at several positions in the genome each contribute a small or modest increase to the overall risk of a deleterious outcome. We shall consider in Chapter 5 just how it is known that gene variants are involved in such cases. For now we shall consider an example of great interest and importance: predisposition to cancer.

Cancer is to a large extent a genetic disease but it is not usually inherited from parents. It is genetic in the sense that significant damage to the DNA of a cell is necessary for that cell to give rise to a cancer. But most cells are those making up the various functional tissues of the body, and are not the reproductive cells, which form the sperm or eggs. Only mutations in reproductive cells can be passed to offspring. Mutations occurring in normal body cells cannot be passed to offspring but they are passed to daughter cells on cell division and can still have consequences for the individual.

Our bodies contain a number of dividing cell populations, in particular the stem cells forming the blood, the skin, and the lining of the intestine. Every time the DNA is replicated, prior to cell division, there is a risk of mutation. Certain types of mutation cause cells to become cancerous, that is, to divide without restraint and to spread to other parts of the body. Eventually the growth of primary or secondary tumours causes sufficient mechanical damage to organs to cause death. The nature of the mutations that cause cancer has been intensively studied and falls into a number of classes. These include mutations that stimulate cell division, that reduce sensitivity to inhibitors of division, that suppress cell death, that encourage the growth of blood vessels in the vicinity, and that disable the mechanisms of DNA repair, making the establishment of new mutations more likely. Most types of cancer increase in incidence very steeply with age, proportional to about the 4th or 5th power of age. This is because it takes several specific mutations acting together to make a cell cancerous and the probability of collecting five to six such mutations in one cell from randomly occurring mutations will naturally rise with time elapsed. Most cancers arise because of this accumulation of mutations, and most of these arise from purely random causes: spontaneous chemical changes, natural background radioactivity, oxidative damage consequent on respiration, and so on. This is why 1/3 of us will die of cancer and if new miracle treatments came along to abolish heart disease, stroke, and pneumonia, our gain of lifespan would be only modest because the incidence of cancer increases so steeply with age that we should all die of cancer within a few more years.

There are some relatively common gene variants that are important in predisposing to cancer but do not cause it with the same predictability with which, for instance, the lack of *CFTR* leads to cystic fibrosis. Examples of such predisposing gene variants are mutations in the genes *BRCA1* and *-2* (pronounced 'braka') which increase the risk of breast and ovarian cancer. The overall lifetime risk of breast cancer for a woman is about 12 per cent and this is increased to 50 per cent or more when she carries a mutation of *BRCA1* or *-2*. For ovarian cancer the normal lifetime risk is about 1.4 per cent and this is increased to maybe 40 per cent if the woman carries a *BRCA* mutation. There are also significant increases in risk of prostate cancer, for men, and of colon cancer for both sexes.

If there were no DNA repair the mutation rate would be very much higher than it is. BRCA1 and -2 are both proteins that are involved in the repair of DNA damage and the variants impair the effectiveness of the process, thus increasing the mutation rate. There are numerous variants of *BRCA1* and *-2* most of which give rise to a reduced function protein. This might suggest that they should be recessive, since there will still be the good copy of the gene present on the other chromosome. However at the level of the whole person they are actually dominant in the sense that possession of one bad copy confers an extra risk of cancer.

One way of looking at the process is to consider that, say, six specific mutations all need to occur in one cell for it to become cancerous. All the cells of the body are experiencing mutations all the time but, since the body contains more than 10^{13} cells altogether, to collect six specific ones in the same cell takes a long time, and may never happen. However if the woman already carries a loss-of-function variant in all cells of her body because of inheritance, then instead of six mutations you now need only five. The odds against this happening for any individual cell are still huge, but for the whole body it means a significant increase in risk. This is why the *BRCA* mutations are genetically 'dominant' at the level of the whole body, at the same time as they are recessive at the level of the single cell. In fact many of the established breast cancers in women carrying *BRCA* mutations have lost the good copy of the gene as well, leaving no BRCA function at all in the cells of the tumour. Once this has occurred the mutation rate ramps up considerably within the tumour and increases the risks of further malignant transformation leading to more rapid growth or to spread to other parts of the body.

Some cancers are known to be associated with infection by particular viruses. In these cases the virus often introduces a gene which mimics one of the mutations that is required for development of cancer. But not every virus-infected cell becomes cancerous because virus-induced cancers also depend on the occurrence of additional mutations in the host.

The example of the *BRCA* genes is a very important one because of the fact that breast and ovarian cancer are both quite common and so an increase of risk is a serious matter for the individuals concerned. It might seem that we should screen everyone for possession of these mutations. Unfortunately there are many different mutations in both genes and so it is difficult to screen for all of them. Even if the genes were sequenced it is not possible to be sure there are no mutations outside the coding region that depress gene activity. It is however possible to screen an individual within a family with high cancer incidence and already known to possess a *BRCA* mutation, for inheritance of this particular mutation, and this is now done in many places.

More complex genetic variation

The examples given in this chapter are of genetic variations in the human population in specific genes, with known functions, where the mutations have clearly defined consequences. Understanding each of these examples has been a triumph of genetics, and they illustrate a number of principles about what genes are and how they work. However most genetic variation is not of this type. In Chapters 5 and 6 we shall look at several situations where there appears to be a hereditary component in important human or animal characteristics, but where few or no specific genes have been identified. It may be that the simple model of single genes controlling specific aspects of the organism, exemplified by the examples above, is the exception rather than the rule, and that heredity in general is of a more quantitative character, involving thousands of genes each exerting only a small effect.

Chapter 4
Genes as markers

Although some mutations are certainly deleterious, and a very few are advantageous, the vast majority of changes arising in deoxyribonucleic acid (DNA) do not significantly affect the reproductive fitness of the organism. The genetic variation dealt with in the previous chapter was a specially selected subset of examples that do affect specific genes and lead directly to disease. But most genetic variation does not affect gene function or activity. This is because most changes to the DNA sequence lie outside the genes, in the large majority of DNA that does not code for proteins. Even variation occurring within the regions of sequence coding for proteins may not have an effect. Because there are 61 nucleic acid triplets encoding 20 amino acids, several triplets are 'synonymous', encoding the same amino acid, and a mutation converting one triplet into a synonymous one will not affect the protein structure. There has been much debate about the extent to which genetic variation is genuinely without effect on the organism ('neutral') and to what extent it has small effects which could be significant over long time scales. Some authors have always considered that the number of variants carried by every one of us is so large as to represent a crushing reduction of reproductive fitness if they all had deleterious effects. Other authors are always coming up with reasons why variation, even if it is not in actual genes, may have small effects on fitness through indirect effects on gene function. This debate is still not resolved and in particular it remains unclear whether large areas of the genome do or do not encode non-translated RNAs and whether these RNAs, if they exist, have any functions. However, to a first approximation it is safe to conclude that a high proportion of genetic variation is neutral or nearly neutral.

In genetics the word 'locus' indicates a place in the DNA, regardless of which particular gene variant is present. Each variant exists because a mutation occurred at some time in the past in a single reproductive cell of a single individual. For a mutation that is neutral in its effects it is a matter of pure chance whether it or the normal version of the locus becomes inherited by the next generation. Chance will further dictate whether it becomes more common in subsequent generations, or whether it will become less common and eventually be lost from the population altogether. Of the large number of mutations that occur all the time in reproductive cells, a very few will eventually spread right through the population by chance and become the normal version of the gene.

Although most genetic variation probably does not affect the organism or its reproductive fitness, it is still of enormous interest. Particularly for the human population the ability to look at individual variation has generated several new sciences. Notably it enables the identification of individual people, useful in forensics, the establishment of paternity, and other information about family relationships. It also provides some evidence about the migration of human populations in historic and prehistoric times. Genetic variation has also enabled biologists to examine the thorny issue of human racial differences and establish the degree to which there is any biological basis for perceived race.

A word that is quite often used to refer to a gene variant in this context is 'marker'. Rather than refer to 'genes' that distinguish individuals or races, I shall refer to markers, as most of them are without known function. This chapter then deals with markers:

entities that are real in the sense that they can be identified by DNA sequencing machines, but are not necessarily 'genes' in the strong sense of the protein coding genes having specific functions like those described in the previous chapter.

Forensic identification

Any of the many types of genetic variation could in principle be used for individual identification. However, methods designed for use in criminal proceedings have to be very robust and reliable, and a high degree of standardization is necessary to create national databases and to make comparisons possible on a large scale. For these reasons forensic science has focused on a type of marker known as the simple tandem repeat (STR). STRs are very simple DNA sequences, three to five nucleotides in length, which are repeated several times as copies lying next to each other. At a particular locus there might typically be 5 to 30 copies arranged end to end (i.e. in tandem). The number of repeats at a particular locus is very variable between individuals and is inherited reliably. Over evolutionary time periods, the frequency of changes (mutations) in copy number at such loci is quite high and so there is a lot of genetic variation in the human population. An individual might, for example, have a paternal chromosome carrying 10 copies of a 4 nucleotide STR at a particular locus and a corresponding maternal chromosome with 12 copies. This means that his DNA sample will contain equal amounts of sequences of 40 (4×10) and 48 (4×12) nucleotides in length. The 40- and 48-length variants are both inherited in a simple Mendelian manner. Other individuals might have different length variants at the same locus, for example 8 and 9, or 13 and 16, or 2 copies of 10. The measurement of the length of the STRs at this particular locus in the genome is done by a technique known as the polymerase chain reaction (PCR). Here short synthetic sequences of DNA complementary to the non-repeated DNA on either side of the locus are prepared by chemical synthesis. These can initiate DNA replication by a DNA polymerase enzyme plus the four deoxynucleoside triphosphates. The PCR reaction involves repeated cycles of DNA synthesis, strand separation and reattachment of the synthetic primers. The end result is the synthesis of a large number of copies of the DNA at the locus of interest. The reaction products are separated by a suitable technique, such as capillary electrophoresis, and the molecular sizes of the products obtained indicate the number of repeats at this locus in this DNA sample.

If just one locus is examined, many individuals will share the same markers, but if several loci are looked at, the probability of a random match for all of them between any two individuals falls until it becomes millions to one against. The technology of DNA-based forensic identification changed rapidly every few years when it was first introduced, but in the 2000s it became standardized on the basis of a certain number of loci containing different STRs. In the USA, databases are compiled using a set of 13 loci. In the UK it is ten, in Germany eight. A standard set of seven loci is used for comparing results between different European databases. In addition to the STRs, an actual gene is also included in the standard test to determine sex. This is a gene encoding the protein called amelogenin, which is concerned with tooth enamel production. It occurs on both X and Y chromosomes as different length variants and therefore measurement of its length allows the identification of sex. The UK National DNA Database is currently the largest in the world containing data on about six million individuals in 2012. It is the largest because in the UK DNA samples are routinely collected from all people arrested for any reason, something not usually done in other countries. Although samples from innocent people are now supposed to be removed from the database, this has been slow in implementation. Such a large database does raise issues about privacy and civil liberties, but so far the UK population appears to have acquiesced to the measure on the basis of its effectiveness in detecting crime. When crime scene samples are screened against this database, there is about a 50 per cent chance of finding a match.

The forensic use of STRs may seem a very efficient method of detection. However there are various reasons why it would be unwise to convict anyone on DNA evidence alone. First, samples can often be small, damaged, and partially degraded. This means that the amplification reactions do not work properly and some markers can be missed. Second, samples may contain DNA from more than one individual, giving mixed profiles. Third, the very low probabilities of a match usually quoted are based on the assumption that members of the population are unrelated to each other. Obviously relatives are likely to share some of the markers, so for a given subset of people the probabilities are not always as astronomically small as they seem at first sight. Fourth, the bigger the database the greater the probability of a completely chance match. The consequences for a completely uninvolved individual accused of a serious crime on the basis of a DNA match, accompanied by no other evidence, would be most unpleasant. Such a person would certainly be under great pressure to prove their innocence in the face of the apparently millions-to-one detection specificity.

On the positive side there are numerous examples of the success of DNA fingerprinting in helping to convict, or to exonerate, suspects in many high profile criminal cases. It is also possible to do retrospective analysis so long as suitable samples are available. One well-known case is that of James Hanrattay, one of the last individuals to be legally executed in the UK. Hanrattay was convicted for the murder of Michael Gregsten after hijacking his car and forcing Gregsten to drive to the A6 road (hence the 'A6 murder'). Also in the car was Gregsten's mistress, Valerie Storie, who was raped by Hanrattay, and shot four times resulting in her subsequent paralysis. Hanrattay was convicted and hanged in 1962. However this was a complex case and it generated considerable controversy for many years with high profile advocates continuing to claim his innocence. In 2002 his body was exhumed and DNA samples taken. His DNA turned out to be a match for samples found on Storie's underwear and on a handkerchief in which the murder weapon was wrapped. No other DNA was found. The Appeal Court judges considered on this basis that Hanrattay's guilt was confirmed 'beyond doubt'.

The same method used for criminal investigation is also used for other types of identification. One common application is the establishment of paternity. A baby will have about 50 per cent of markers from the mother and 50 per cent from the father, so if the putative father has a match to one of the markers at every locus the probability that he is the real father is extremely high. Exactly the same argument is used to resolve immigration disputes about whether an individual is or is not a first degree relative of a lawful resident, which may mean they are also entitled to residency. Another application is for victims of disasters, for example air crashes or mass killings, where there may be many bodies burned beyond recognition. This requires samples from family members, or an authentic pre-disaster sample from the individual. Identification is based on the principle that first degree relatives (parents, children, siblings) will share about 50 per cent of markers, second degree will share about 25 per cent, and so on. With all the applications involving comparison of relatives it should be borne in mind that new mutations do sometimes occur and will mean that individuals do not match the parents with respect to both markers at the mutated locus. Furthermore mutations occurring in non-reproductive cells, especially those occurring early in embryonic development which are later present in a large fraction of the body, means that one individual can generate an apparently mixed sample.

Ancestry and migration

In recent years, gene variants have been extensively examined to assess human ancestry and migration. Particular use has been made of neutral variants on the Y chromosome, which are specific to the male lineage, and those on mitochondrial DNA, which are specific to the female lineage. This is an area where misunderstanding is common and to avoid this it is important to understand how inheritance of these markers differs from those in the rest of the genome.

Mitochondrial DNA

Mitochondria are small bodies found in all types of cell and are responsible for the generation of energy by the controlled oxidation of the products of metabolism. Although most of the proteins that make up mitochondria are encoded by nuclear genes, mitochondria also contain their own DNA, abbreviated as mtDNA, and this encodes some of the proteins and RNA molecules making up the structure. Mitochondria can grow and divide along with the cells that contain them, and their DNA can be replicated, so each time mitochondria divide, some mitochondrial DNA copies are distributed to each new mitochondrion. Because of these facts, and the similarity of the mtDNA to that of bacteria, it is thought that mitochondria were originally bacteria in the remote evolutionary past (see Figure 8). Usually, all the mitochondria in the body have the same DNA sequence, although it is not uncommon for two or more sequences to be present at measurable abundance. Because each mitochondrion contains several DNA molecules, and each cell contains many mitochondria, the overall abundance of any particular locus in mitochondrial DNA is much higher than in nuclear DNA where there are only two copies of each gene. Hence it is easier to recover useful quantities of mtDNA than of nuclear DNA from degraded samples, for example archaeological specimens.

Unlike nuclear DNA, which is inherited equally from both parents, mtDNA is inherited only from the mother. This is because the mitochondria of the sperm are destroyed shortly after fertilization and only the mitochondria of the egg survive. The mutation rate of mitochondrial DNA is much higher than that of chromosomal

DNA, mostly because the DNA repair systems of mitochondria are poor. If a mutation occurs, it will most likely be lost due to random sampling of mitochondria in each cell division. However there is a small probability that it will spread, also by chance, until it becomes the normal version of that locus in the mitochondrial DNA of the whole body. This process occurs mostly during the earliest stages of female germ cell development, when the future mother is herself an embryo. At this stage there are only a few mitochondria in each of the newly formed reproductive cells in the embryo and so the probability for a new mutation to become the normal variant by chance is relatively large.

These properties: maternal inheritance, high copy number, and high mutation rate have meant that mtDNA has been extensively used for ancestry tracing. The technology used for these studies has evolved rapidly. Nowadays it is common to determine the sequence of the entire mitochondrial genome, which is quite small (16,569 base pairs), although many studies have been done in the past in which only a hypervariable non-coding region is sequenced.

If a large number of DNA sequences from different individuals are compared, some will be more similar than others and a 'family tree' can be constructed for the whole set of sequences. There are several different algorithms using different computational methods for making these trees but in general the more similar sequences are considered more closely related. Each sequence can be identified in terms of the specific set of markers it carries at each of the variable positions. This is called the 'haplotype'. A set of haplotypes arising from one branch of the tree forms a 'haplogroup' (Figure 13). These are nested such that the haplogroups that originate from branches near the top of the tree contain those that originate lower down. For example, in Figure 13, mutation number 1 occurs in the ancestral sequence and the complete set of sequences containing mutation 1 is considered to be 'haplogroup 1'. Because mutations numbers 2, 3, and 4 occur

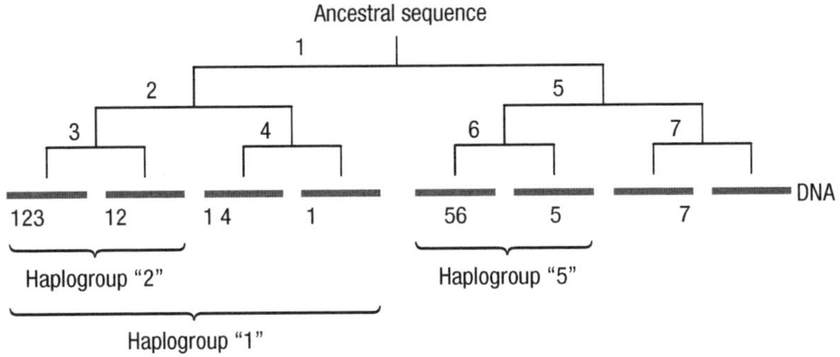

13. Haplogroups. The diagram shows eight DNA sequences derived from an evolutionary history involving seven separate mutations, labelled 1–7. Once a mutation has occurred, it persists. Three of the resulting haplogroups are identified: '1', '2', and '5' representing the set of sequences derived from the common ancestor that possessed each of these mutations

later on in the lineage, haplogroups can also be defined by them, each of which is a subset of haplogroup 1. For DNA of the chromosomes (other than the Y chromosome), haplotypes do not persist for long in evolutionary time because of the chromosome breakage and rejoining that occurs during meiosis. However for mtDNA, where such recombination is not possible, the haplotypes do tend to stay intact over long periods. The timescale of such a diagram can be estimated roughly from estimates of the mutation rate, because according to a well-known theorem of evolutionary biology the rate of neutral mutations becoming the normal form of the gene is the same as the rate of *de novo* mutation. Mutation rates can be measured directly by comparing mtDNA taken from parents and offspring. They can also be estimated by sequencing mtDNA from archaeological specimens, which, if they are not too old, can be dated because of the radioactive decay of the Carbon-14 that they contained when alive. For mitochondrial DNA such a family tree can be traced back to a 'last common ancestor of all humankind' with a date of approximately 150,000–200,000 years ago. This last common ancestor was, of course, a woman, because mtDNA is inherited only maternally. Although we know nothing else about her, this individual has, understandably, been called 'Eve'. The geographical distribution of the present day mtDNA haplogroups indicates that she must have lived in Africa, sometime between 150,000 and 200,000 years ago. Of course there were many other men and women living at the same time, but none of the others have transmitted their mtDNA to present day humans.

Y chromosome

For all mammals, sex determination occurs through the XY chromosome system. Females have two X chromosomes, and males have one X and one Y chromosome. The other chromosomes are known as autosomes. The X chromosome is much bigger than the Y and it carries many genes, which encode proteins having a whole variety of functions, most of which are not concerned with sexual development. In females one of the X chromosomes in each cell becomes inactivated early in development so that the overall 'dosage' of X chromosome encoded products is balanced with that of the autosomes in the same way as it is in males. The Y chromosome carries a few genes not found on the X chromosome, in particular a gene called *SRY* which is important for determining maleness during embryonic development. Most of the Y chromosome is different in DNA sequence from the X and because of this it does not exchange gene variants by recombination during meiosis. This means that like mtDNA, and unlike autosomal DNA, a set of markers established originally by new mutations, a haplotype, tends to remains together over many generations. The type of variation most often used for ancestry studies is a set of simple tandem repeats found on the Y chromosome. These are analysed in a similar way to the autosomal STRs used for forensic identification which were described above. There are also many single nucleotide changes (SNPs) which are used for analysis.

As for mtDNA, it is possible to make a rough estimate of the time of the last common ancestor of all humans by looking at the family tree of haplotypes in human Y chromosomes. Current estimates are that he lived about 130,000–150,000 years ago. Again, we know nothing about this individual except that he was male, because he possessed a Y chromosome. Not surprisingly, he has been called 'Adam'. There were many other men also living at the same time as Adam, who had different markers on their Y chromosomes, but their male lineage descendants have not survived to the present day. Although estimates vary, the majority of studies have indicated that the time back to Adam is somewhat less than the time back to Eve. This may reflect the propensity of a few men to leave a lot of descendants, a process that accelerates the process of convergence of the Y chromosome tree, as shown in Figure 14. Using the names 'Adam' and 'Eve' for last common ancestors deduced from family trees of Y chromosomes and mtDNA tends to suggest that the Bible story is true and that one couple spawned the whole of humanity. But this is not so. It is probable that 'Eve' and 'Adam' were separated from each other by some geographical distance and many thousands of years, and there were many other people around at the same time as either of them. It is simply an inevitable consequence of mutation and inheritance that there will be a last common ancestor at some point in the past. These ancestors are different people because they are only ancestors in respect of the Y (all-male) and mtDNA (all-female) lines of descent. We all contain many other gene variants on our autosomes which were not possessed by Adam or Eve and which descended through different lineages.

The relative ease of conducting studies using mtDNA or the Y chromosome have led to the emergence of a number of companies who can test your DNA and 'tell you your origins'. Unfortunately the results of such studies are often misunderstood by the clients. For example, if an African American has such a test he may be told that he comes from some particular tribe of west Africa, from an area where the slave population of America was originally taken. He may feel an affinity with this tribe and feel he has

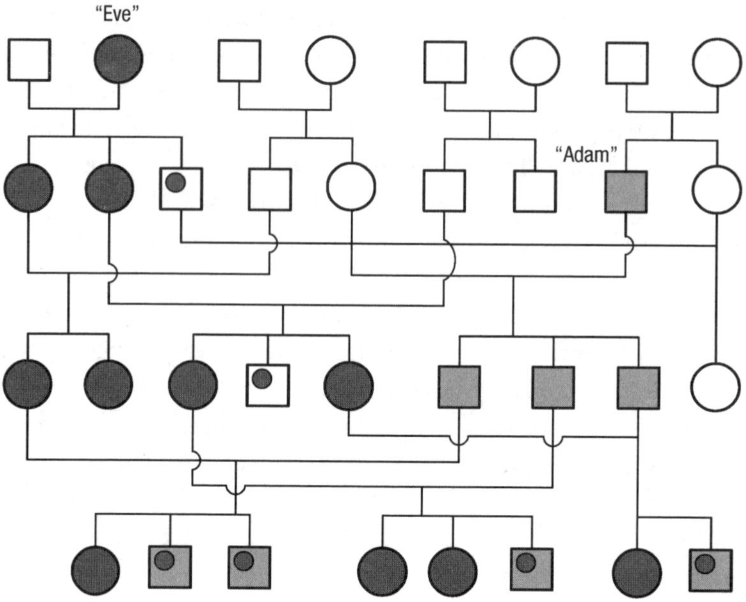

14. Common ancestors. This diagram illustrates why it is possible for the whole population to be perceived as descending from 'Adam and Eve', based on Y chromosome and mitochondrial DNA. However, these two were not the only people in the world, they did not necessarily meet or live at the same time, and they are not ancestors of the current population in terms of all the autosomal genes. Circles indicate females and squares, males. Dark shading represents Eve's mitochondrial DNA and light shading represents Adam's Y chromosome

discovered his 'roots'. However, it is only one root. Because mtDNA is inherited in the female line and the Y chromosome in the male line they do not tell you very much about your ancestry. If any individual man, for example, were to contemplate the previous 14 generations, he may have as many as 16,384 direct ancestors. This is the maximum number assuming that all generations are outbred, as any consanguinity would reduce the total. The results from the company will probably only tell him about one or a few ancestors. Using those autosomal markers that show a significant difference of frequency between European and African, it has been estimated that the black population of the

USA have 10–20 per cent of 'white' admixture in their genomes, reminding us that people's true roots are always complex.

One interesting cluster of related variants on the Y chromosome occurs in central Asia, comprising 0.5 per cent of the whole world's population. This cluster has a calculated time to its last common ancestor of about 1,000 years. It has been suggested that the ancestor in question was Genghis Khan, founder of the Mongol empire. Genghis had a very large harem, and so did his sons, so the potential for a massive spread of his Y chromosome markers is certainly plausible.

Geographical history of humanity

Notwithstanding the above caveats, it is possible to make some deductions about the major past migrations of human populations by examining the geographical distribution of genetic markers. Unfortunately the picture has tended to become less clear the more data have been collected and analysed. It is known from archaeological studies that recognizably human species appeared first in Africa. About 1.8 million years ago the species called *Homo erectus* migrated across Europe and Asia. *Homo erectus* may or may not have given rise to other non-modern species including *Homo neanderthalis* (Neanderthal man) and *Homo floresiensis* (The 'Hobbits' from the island of Flores in Indonesia). But some of these possible descendant types persisted until relatively recently and certainly within the time frame of modern human occupation. The main issue has been whether modern humanity arose by independent evolution of local races from an earlier species such as *Homo erectus*, or whether a new population of modern humans swept across the globe and replaced all the other species who were already living there. In general the genetic evidence strongly supports the latter hypothesis, sometimes called the 'Recent African Origin' or 'Out of Africa' theory, although there are odd bits of data suggesting some admixture of genes from more ancient sources.

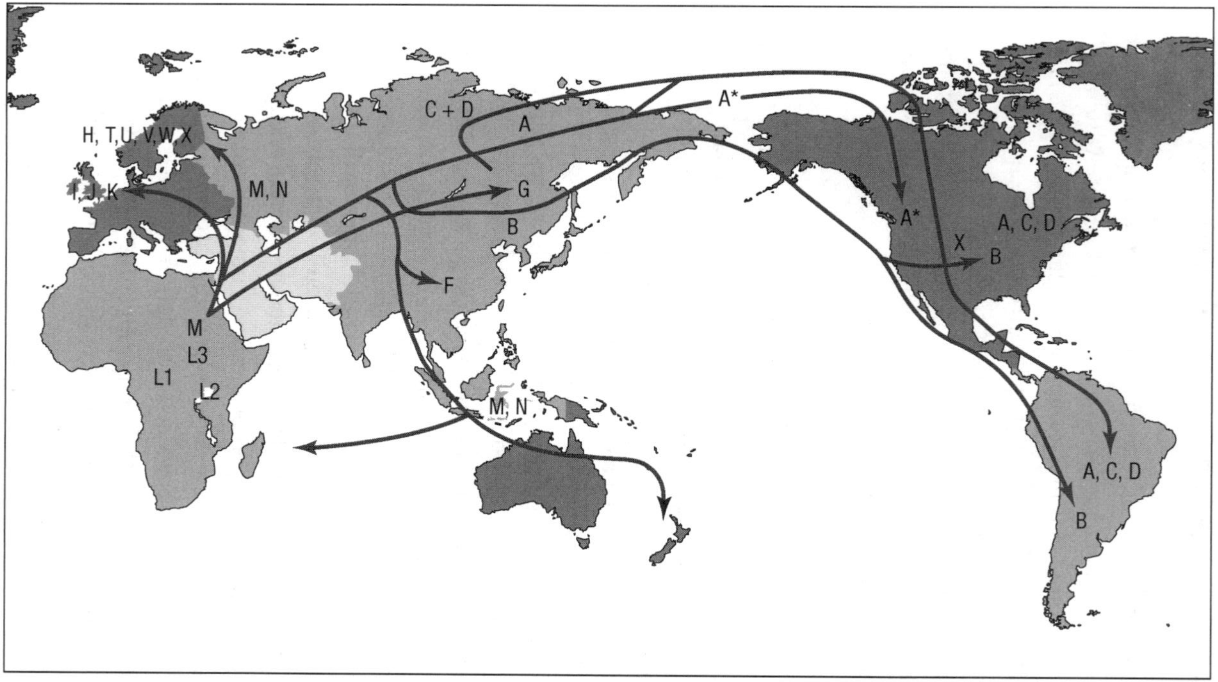

15. **Migration. This figure shows the 'Out of Africa' migration traced by human mitochondrial DNA. The symbols indicate haplogroups. The African haplogroup L3 generated M and N which were possessed by the migrants from Africa. Various haplogroups arose from N in Europe and a different set of haplogroups from N and M in Asia. Native Americans have a subset of the Asian haplogroups, indicating an Asian ancestry**

The issue has been studied using data from mtDNA, Y chromosomes, and also markers from autosomes. The principle is to construct family trees from the sequences, define haplogroups from the branch points (one haplogroup contains all the descendants from a particular branch point) and then look at their geographical distribution. If the interest is in ancient events, then known modern migrations such as the European settlement of America or the Atlantic slave trade are discounted. The distribution is consistent with the idea that modern humans arose in Africa, migrated out of Africa about 60,000–90,000 years ago, and sequentially populated Eurasia, Oceania, and the Americas (Figure 15). The reasons for believing this are that the most ancient haplogroups are all found in Africa and some of them are confined to Africa. So in effect the rest of the world's population is a subset of that found in Africa. The time of the migrations from Africa (which may actually have been many separate events) can be estimated by calculating the time of the branch points representing the sub-haplogroups not found in Africa. In general the times of occupation of the various continents are broadly consistent with archaeological evidence.

Race

Given that all humanity arose from a migration, or set of migrations, that was relatively recent in evolutionary time it is pertinent to ask whether distinct human races really exist. They certainly exist in people's perception, as people define themselves as belonging to specific cultural, ethnic, or linguistic groups. But is there any genetic basis for race? Because of the relatively recent origin of *Homo sapiens* the total level of genetic variation is quite low compared to that found in other species. Moreover numerous studies using all possible methods of examining genetic variation concur that the 'between group' variation is only about 5–10 per cent of total variation. In other words two white Germans will, on average, have nearly as much genetic difference between them as either one has to an African or Native American.

So, if by race we understand distinct subspecies with a significant genetic difference between groups, then there are no human races. There is nonetheless some genetic difference between human populations. Obviously those gene variants responsible for dark skin pigmentation (still poorly understood biologically) are much more prevalent among Africans than among northern Europeans. Despite the fact that only a small minority of variation is between groups, it is nonetheless possible statistically to reconstruct some racial groupings from large sets of data on human genetic variation. If the number of groups fed into the analysis is predefined as five, then the groups obtained correspond to fairly conventionally defined races: African, Eurasian, East Asian, Oceanian, and Native American, although it should be noted that the Eurasian group in this analysis is quite wide, including Europe, the Middle East, central Asia, and India. If the number is predefined to be larger than five then the groups that emerge become less familiar, for example at six the Eurasian group subdivides into the Kalash (a people from northwest Pakistan) and the rest. So there is indeed some genetic variation correlating with conventionally defined race, but it must be borne in mind that the proportion of genetic variation correlating with these groups is small. This means, for example, when considering racial propensity to develop particular diseases, that there will be some differences, such as the relatively common occurrence of Tay-Sachs disease among Ashkenazi Jews mentioned in Chapter 3. But most hereditary susceptibility to most conditions will vary on an individual rather than a racial basis. Likewise, there has been much discussion about using the forensic typing of DNA to deduce the race of a suspect. But this is not possible from the forensic markers currently in use, as they are found in all races. It is actually very difficult to find variants that are specific to conventionally defined races and at the same time common enough to be of any use.

To summarize, genetic analysis has shown that the 19th century view that humanity consisted of several subspecies which have evolved independently in their current locations is completely wrong. Modern humans are all descendants of the migrations from Africa that occurred about 60,000–90,000 years ago. Most genetic variation is between individuals, but there are also some variants whose frequency differs systematically between groups.

Chapter 5
Genes of small effect

So far we have considered the properties and importance of genes and markers whose deoxyribonucleic acid (DNA) sequences are known. Here we take a jump away from DNA and consider unidentified genes whose variants collectively affect some characteristic of interest. This is the domain of quantitative genetics, a branch of the science established in the early years of the 20th century. The idea is that many aspects of living organisms depend not on the action of a few genes but on the actions of many, each having a small effect on the overall characteristic. This assumption has been used successfully to inform the breeding of agricultural animals and plants. But some of the concepts have also been very controversial when applied to human beings.

Quantitative genetics deals with continuous characters, such as height or weight, which can adopt any value and where animals or plants are usually distributed across a continuum of values appropriate to their species. It also deals with threshold-based characters where the character itself is either present or absent, but its presence is presumed to depend on a continuous susceptibility which depends on many gene loci, such that the trait occurs above a particular threshold level of the susceptibility. The genes whose variants are responsible for quantitative variation are called 'quantitative trait loci' (QTLs). These are not necessarily a special kind of gene. Their status as QTLs exists only in relation to a particular quantitative character. The magnitude of their effect depends on the variants actually present in the population and they may also have larger effects on other traits not under study. It has been difficult in the past to identify QTLs with specific genes although this has become easier thanks to modern whole genome approaches to the problem.

Heritability

When it comes to human beings, people are obviously very diverse in their appearance and characteristics. It is often asked how much of this difference is due to differences of gene variants between them, and how much to differences in environment, in other words differences of nutrition or upbringing or life experiences. Statisticians speak of 'variance' which is a way of expressing quantitative variation in a mathematically tractable manner. The *heritability* of a character is defined as the proportion of the variance in a population attributable to genetic variation, with the balance presumed to arise from environmental effects. So if variation in a character is entirely due to genetic variation the heritability is 100 per cent, and if it is entirely due to environmental variation the heritability is 0 per cent.

Heritability concerns *variation* and should not be confused with genetic determination of a character. For example humans have two legs and development of two legs is entirely under genetic control. However the variation in leg number among the human population is almost entirely environmental, due to accidents or military engagements leading to loss of legs. So the heritability of human leg number is very low, notwithstanding the obvious role of genes in the development of legs.

There are many examples of 100 per cent environmental determination, for example the language spoken by an individual, or the religion he or she believes in, depends entirely on the circumstances of upbringing. The types of single-gene genetic disease considered earlier are effectively 100 per cent genetic, but whether any quantitative character is 100 per cent genetic is not known. Heritability in human genetics is often estimated from twin studies. Twins may be identical or non-identical. Identical twins are called 'monozygotic' (MZ) meaning that they arise from division of a single embryo at an early stage of development. Non-identical twins are also called 'dizygotic' (DZ) to indicate that they come from two different embryos. In terms of genetic variation, MZ twins should be completely identical while DZ twins will have the same relationship as other siblings, sharing about 50 per cent of variants. The calculations can be quite complex but in essence the heritability of a particular character is deduced from the comparison of the variation seen between pairs of MZ and DZ twins.

There are a few issues to note at this stage. First, the calculation of heritability from twin data gives something called 'broad heritability'. This includes all genetic effects including dominance and interactions between genes. There is another type of heritability called 'narrow heritability' which deals just with gene variants showing additive effects. This measure is needed for calculating response to selection so is relevant to animal and plant breeding studies.

Second, in the human arena twin studies have been controversial for many reasons. One is that twins raised in the same family will have very similar environments and this will make their heritability seem larger than it really is for the whole population. This can be overcome by examining MZ twins separated shortly after birth and raised apart. But it is hard to find such examples, and many separated twins are actually raised by other family members so their environments are still quite similar. In addition the establishment of MZ versus DZ status can be uncertain if the individuals themselves are not available for examination.

In general it is likely that heritabilities are overestimated by twin studies. On the other hand, in recent decades much more sophisticated statistical methods have been used to analyse twin data than were used in the past, and some of the problems have been overcome by these superior methods of analysis.

Regardless of the actual values measured, a key thing to understand about heritability is that it deals with variation, not genetic determinism, and that it is entirely context-specific. The level of heritability depends on how much genetic variation affecting that character is present in the population under study, and on what is the range of environmental variation to which members of this population are exposed. Consider a population of cattle kept on several farms of different quality. The heritability of growth rate or final size might be 50 per cent. Then suppose one farmer buys up all the other farms and institutes a common policy of nutrition and husbandry. This means that the heritability of growth rate will go up. Although nothing has changed with regard to the genetic variation, the heritability goes up because the environmental variation has been reduced. In fact the heritability of milk yield of dairy cattle in the USA since 1970 did increase from 25 per cent to about 40 per cent, for this type of reason. Conversely, suppose that the cattle are bred for many generations with selection for an optimum growth rate. After several generations the amount of genetic variation falls because several of the key variants have either been lost from the population or have become the normal version of the gene present in all the animals. If the environmental variation is kept constant the heritability of growth rate will fall because the amount of genetic variation in the population has been reduced. This context-dependent nature of heritability is often not understood, but it means that a measurement is only valid for a specific population in specific circumstances.

Many scholars have also been uncomfortable about partitioning human characteristics between 'genetic' and 'environmental' and felt that there should be some greater subtlety to the situation. Undoubtedly there will be situations in which variation of genes and environment interact. For example a particular gene variant might make it easier for an individual to find food in a variegated environment but have no effect in a uniform environment. Interaction of this sort will tend to increase the estimate of heritability based on twin studies because the logic of the study is based on looking at individuals with different degrees of relatedness rather than at individuals of the same genotype exposed to different environments.

Less discussed is the fact that there are other potential causes of differences between individuals which are neither due to gene variants nor to environmental effects. These lie in the domain of random events occurring during development. One such event is the movement of mobile DNA elements called transposons from one genetic locus to another. There are numerous virus-like elements present in the human genome. Most of them are defective and simply get replicated each generation along with the rest of the DNA. But a few still retain the capacity to excise themselves from their location in the DNA and to insert themselves elsewhere. This occurs rarely on a per cell basis but much more commonly in developing neurons than in other cell types. Like any other mutation, the insertion of a transposon at a new site in the DNA may affect the properties of the cell. Whether this is a significant cause of individual variation in personality or mental ability is not yet known, but it is a real possibility.

Genome-wide association studies (GWAS)

Many common human diseases have significant heritability. For example type 2 diabetes, schizophrenia, or heart disease come into this category. One of the goals of the human genome project was to identify gene variants present in the human population which predisposed to conditions such as these. This would have three important benefits. First, it would identify genes involved in the pathology of these diseases and thereby inform the development of new drugs targeted against the relevant gene products. Second, it would enable the prediction of risk for individuals at an early stage in their lives. People could be screened for high risk markers and, when identified, could be given preventive treatment. Third, it would potentially allow for more discriminating treatment as the various subtypes of a disease which may depend on different gene loci could be identified. Most drugs have variable effects on different people and so the overall targeting and effectiveness of drugs could theoretically be improved by understanding how they operate in the presence of the various relevant gene variants. The second and third of these potential benefits are often referred to as 'personalized medicine'.

To achieve all these goals it is necessary to know the genomes of very many people. The huge improvements of DNA sequencing technology and the reduction of cost of sequencing to a few thousand dollars per genome have enabled many studies to be carried out in recent years. Many of these are 'genome-wide association studies' (GWAS). These do not involve total genome sequencing but instead map very large numbers of markers involving single nucleotide changes (called single nucleotide polymorphisms, or SNPs) to find which markers correlate with particular conditions or diseases. Usually the SNPs themselves are not in the genes whose functions are being detected, but are presumed to lie fairly close to them. In a population reproducing at random for an infinite time, the markers present at all loci would be randomized relative to their neighbours by the crossing over between parental chromosomes that occurs at meiosis. However in a real population this process occurs so slowly that there usually remains some association between markers that lie close to each other in the DNA. This is the basis of the association method. About 500,000 SNPs provide sufficient resolution to do these studies in humans. In a GWAS the frequency of each SNP type is examined in individuals with the condition under study and those without. If there is a significant difference, then the region of the genome containing this SNP marker is presumed also to contain a functional DNA sequence variant that affects the condition in question.

Despite the potential power of the technology, it has to be admitted that the results from GWAS to date have been rather disappointing. Some new gene variants affecting each common disease or condition have been found, but these variants tend only to account for a small fraction of the total heritability of the trait deduced from twin studies or other quantitative genetics methods. The reasons for this 'missing heritability' have been much debated. The most likely reasons are that the complex conditions examined are affected to only a small extent by common variants, and also that there are a large number of rare variants at work. Beyond a certain limit, the sample sizes used in GWAS are not sufficient to detect such effects.

Even if larger studies were done, and complete genomic sequencing were done instead of SNP profiling, in practical terms this means that many of the great hopes of the human genome project are unlikely to be realized. It will not be possible to predict who will develop type 2 diabetes, or other common diseases, even from a complete genomic sequence, because the causative variants are too numerous in the genome and each of them is individually too rare in the population. This is in stark contrast to the situation with single-gene disorders where a gene sequence gives a very high level of predictability of the risk of developing conditions such as haemophilia or cystic fibrosis. For similar reasons it is also unlikely that genomic data will be very helpful in understanding pathology or be able to inform a personalized drug regime in such conditions.

Human height

Human height is a familiar characteristic that exemplifies many of the principles of quantitative genetics, where variants of many genes each have small effects on the overall trait. Height is a very familiar attribute (Figure 16). It is easy to measure and many accurate records exist over long time periods, particularly for army recruits. It is generally recognized to have a considerable heritability and because of this, and the shared environment within a family, it is possible to predict the adult height of children fairly accurately, knowing the heights of their parents. Unlike some other issues to be discussed below, height also has the advantage of being non-controversial, so everyone can assess the issues and findings without prior ideological bias.

The biology of the development of height is understood to some extent. Maternal nutrition is important, with malnutrition during pregnancy leading to smaller babies as well as many other long term health problems. Early childhood nutrition is critical because growth rate is very fast just after birth. Final height depends largely on the elongation of the long bones of the legs, which depends on the growth rate of the cartilage at the ends of the bones. This terminates in late puberty with the fusion of the bony caps to the shafts and the change of the remaining cartilage to bone. Among the factors affecting cartilage growth is an inhibitory effect of a group of substances called fibroblast growth factors (FGFs). As discussed in Chapter 3, abnormally increased FGF activity inhibits cartilage growth more than normal and this is why individuals with gain-of-function mutations in the gene for FGF receptor 3 are achondroplastic dwarfs. However this group of mutations does not contribute significantly to the variation of height among normal individuals. This illustrates once again the fact that heritability relates to the variation actually existing in the population, not to the mechanism of the process. It may be that there is little or no genetic variation in the genes controlling the principal mechanism of a process. Instead the genetic component of variation is mediated through other genes that may have other principal functions and only small or incidental effects on the process under study.

16. Tall and short. The extremes of variation of human height

Estimates of the heritability of human height range between 65–90 per cent, depending on the particular population under study. The lower values around 65 per cent relate to studies from China and Africa, where environmental variation in terms of nutrition and health care is greater than in Europe or North America. The higher values relate to individual nations in northern Europe which are relatively homogeneous in environment.

Genome-wide association studies on about 30,000 people have recently been conducted to identify the source of this variation. About 50 SNPs were found to have a significant association with height. Of the genes lying near enough to the SNPs to be candidates for the functional variation, some had previously been identified as involved in some aspect of growth, either through animal experiments or through knowledge of rare human genetic syndromes with more severe mutations in the same genes. However the amount of heritability attributable to these loci is at most 5 per cent of that measured by quantitative genetic methods. So only this much heritability can be considered 'explained'. It is likely that the remainder is distributed across a very large number of other gene variants each of which contributes a very small effect. This means that it is not possible, and probably never will be, to predict a person's height from examination of their genome sequence.

The situation is markedly different in the domestic dog. Dog breeds vary hugely in size, from chihuahuas weighing about 1 kilogram (kg) up to Saint Bernards weighing about 80 kg. Much of the difference in dog size is due to a single variant in the gene encoding a growth factor called insulin-like growth factor 1 (IGF1). This is released by many body tissues in response to growth hormone from the pituitary and it stimulates cell division of many cell types. Dogs have been subject to intense selective breeding for thousands of years and this process has amplified *IGF1* gene variants to a prominent role. In humans, IGF1 has the same functions as it does in dogs, and it is just as important in normal development, but variation in the *IGF1* gene is not a significant cause of the variation of human height.

Although height does have a high heritability and some of the genetic variation responsible for it is now identified, this does not mean that height cannot be altered by the environment. In fact human height has increased considerably during the 20th century. In Holland the average height of mature males increased from 172 to 184 centimetres (cm) over the period 1913–80 and the Dutch are now the tallest people in the world. The height of American adults increased by a somewhat lower amount, from 173 to 179 cm (white males) over the same time period. In the mid-19th century Americans were the tallest people on Earth, but in the 20th they were overtaken by some European populations, particularly the Dutch. The explanation for this is presumably that in the 19th century, American nutrition in pregnancy, and in childhood when the long bones are growing, was, on average, superior to Europe's, and enabled more people to reach their full potential height. In the 20th century European nations caught up in prosperity and consequently in childhood nutrition. Why have they recently surpassed the Americans? One possible reason is that health care in the USA is very unequal, with the uninsured populations receiving minimal antenatal and postnatal care, while in Europe state health systems tend to provide better service to the poor section of the population.

Another possible reason is the presence during the 20th century of large scale immigration into the USA of populations who are intrinsically shorter, notably from Latin America and Asia. This explanation brings up the issue of the difference in average height between populations and to what extent they are genetically determined. Such differences do obviously exist. The average height of an Indian adult male is currently 165 cm, of a Chinese 168 cm, and of a Japanese 171 cm, compared to 179 cm for Americans and Europeans. Asian heights are lower than those of North America and Europe. However the gap has been closing with the rapid economic development of Asia and it is not yet known how large the residual genetic difference will be when the Asian populations have all reached the Western standard of living and medical care. It is possible that there will be no genetic difference at all, but in all likelihood there will turn out to be some difference.

It has been presumed in the past that the between group differences are at least partly genetic, like the within group differences. However this does not logically follow and the same issue has been very contentious in relation to intelligence quotient (IQ; discussed later). Two populations might have an equal heritability for height, but one has a better environment than the other and is therefore taller on average. In this case the reason for the between group difference is 100 per cent environmental, despite the importance of heredity in determining individual height within a group. For example, there is a current 8 cm difference between the height of adult males in North and South Korea. It is unlikely that there is much genetic difference between the two Koreas so this is probably attributable to famine and poverty in the north versus the booming economy in the south. In comparable situations, migrants from Guatemala to the USA during the Guatemalan civil war achieved a height 10 cm greater than those who had stayed in Guatemala. In the 1950s, males of the Dinka people of Sudan, then the world's tallest, measured 182 cm. Now, following decades of civil war and deprivation, the average has fallen to 176 cm.

Serious mental illness

Although the issue has generated considerable controversy there is substantial evidence that the most serious mental conditions have a high heritability.

Schizophrenia is a common disorder with a lifetime risk of about 1 per cent. It involves delusions and hallucinations, disorganized thought, social withdrawal, and abnormal behaviour. Bipolar disorder is a spectrum of mood disorders affecting about 1.5 per cent of people. It is characterized by disturbances ranging from extreme elation to severe depression. It is associated with high morbidity and a 10 per cent suicide risk. Both conditions cause a lot of individual suffering and are costly in terms of long term medical and social care.

For schizophrenia, twin studies indicate a heritability of around 85 per cent. Similar results come from other family correlation studies and adoption studies. Gene variants associated with the disease have been sought by various methods, most recently by GWAS using large numbers of individuals and examining large numbers of SNPs. Some candidate genes have been identified in individual studies but most of these have not been found again in subsequent studies. Those that have been found in several studies, and therefore seem well established, confer only a small increased risk of up to 1.4 times the normal level. Some of the genes located near the disease-associated SNPs have a likely involvement in neuronal function or development, for example they encode cell surface or structural molecules important in neurons, while others do not. Estimates of heritability for bipolar disorder are also about 85 per cent. GWAS of bipolar disorder have given similar results: no common variants show high association but some are associated with modest risk increases. Interestingly some of the chromosome regions associated with schizophrenia and with bipolar disorder turn out to be the same, suggesting a possible connection between the mechanism and pathology of these psychoses that was not suspected before.

Recently a strong association has been found between schizophrenia and large structural variations of chromosomes (deletions and duplications covering more than 1,000 base pairs). These are collectively quite common but individually rare, meaning that different individuals are likely to have different variants. Such structural changes may affect many genes and they may exert their effect in various ways, for example by altering the number of copies of a gene, such that the level of activity is too high or low, or by disturbing regulating sequences associated with genes. Structural variations are also associated with a range of other neurodevelopmental disorders including autism, some types of learning disability, attention deficit hyperactivity disorder (ADHD), and idiopathic generalized epilepsy.

At present, despite enormous resources devoted to the genetics of serious mental illness, it must be admitted that the genetic basis of the common diseases remains unknown. It seems unlikely that there will turn out to be small numbers of common gene variants causing either schizophrenia or bipolar disorder. More likely there are large numbers of rare variants such that every individual's disease is actually a different disease at the genetic level.

An example of a neurological condition with psychiatric symptoms that does have some degree of genetic understanding is Alzheimer's disease. This is very common, accounting for about 2/3 of dementias. Initially, the usual indication is difficulty with short-term memory. As the disease progresses, additional symptoms may include aggression, irritability, mood swings, language problems, and loss of long-term memories. This is followed by a withdrawal from all social interactions and a decline in bodily functions, with death as a final outcome. The disease is associated with appearance of plaques in the cerebral cortex containing a protein fragment called amyloid beta. It is also associated with tangles of a type of protein filament normally found in neurons. The amyloid beta is produced from an amyloid precursor protein (APP), by two enzymes called presenilin 1 and 2 (PS1, -2). The usual form of the disease increases steeply in incidence with age. However individuals carrying mutations in the genes encoding either the APP or one of the presenilins often get the disease in earlier life (early onset familial Alzheimer's disease). These mutations increase the rate of production of amyloid beta. They are gain-of-function and therefore dominant genetically. In addition, individuals carrying a particular variant of the gene for the protein apolipoprotein E (APOE, variant E4) have a three-fold increase of risk of developing the normal disease, and if they have two copies, the relative risk is 15-fold. APOE helps break down the beta amyloid peptide, and the E4 variant is less effective at doing so than the normal form.

Alzheimer's disease differs from schizophrenia or bipolar disease insofar as the pathology is at least partly understood and there are some known genetic variants that either cause the disease or make it more likely. However the *APP*, *PS1*, and *PS2* gene variants are very rare and only account for 0.1 per cent of Alzheimer's disease. The APOE effect has much more impact on disease incidence, but still does not account for all the heritability. The heritablity of Alzheimer's disease has been estimated at 59 per cent from twin studies, less than that measured for the psychoses but still indicative of a high element in the risk due to genetic variation. As with the psychoses, most of this heritability remains unexplained.

IQ

No issue in genetics has been as bitterly controversial as that of the inheritance of intelligence, usually in the form of the number measured by IQ (intelligence quotient) tests. Even more explosive is the associated issue of whether the measured differences in IQ scores between different 'races' have a genetic basis.

Intelligence, as measured by IQ tests, is a measure of mental ability that is intended to be unaffected by culture or education, and to predict performance in tasks or occupations requiring mental prowess of various sorts. Advocates of IQ tests argue that an individual's IQ tends to remain constant from about age 16 through adult life, and that there is a good correlation with life prospects including seniority and responsibility at work and even salary in many occupations. Critics of IQ tests consider that intelligence cannot be reduced to one number and that the tests are always biased in one way or another. Moreover it is argued that they are self-confirming, as a new test needs to be calibrated before use by giving it to a number of people and then adjusting the results so that they form a normal distribution ('bell curve') with a mean of 100 and a standard deviation of 15 or 16. The properties of a normal distribution mean that that about 95 per cent of the population lies within two standard deviations of the mean—between 70 and 130—and about 2.5 per cent lie above and below this range.

There have been many attempts to devise tests of more specific mental abilities and one often used distinction is between 'fluid intelligence' which is the ability to solve novel problems by using reasoning, and 'crystallized intelligence' which is a knowledge-based ability dependent on education and experience (these are known as 'performance' and 'verbal' measures using the Wechsler scale). Fluid intelligence tends to decline with age in adult life, while crystallized intelligence is largely resistant. However, the principal debate focuses on the general type of IQ test intended to measure a generalized mental ability, sometimes called 'g'.

In principle it seems certain that gene variants ought to affect mental ability, as they affect all other aspects of the organism. Although human mental creativity can be extremely subtle and complex, gene variants affecting intelligence could exert their effects through relatively simple means, for example by affecting the propensity of neurons to form connections with other neurons. There are many individual gene variants known in humans that cause mental retardation due to errors in brain development, so presumably there must be variants that have lesser effects on mental abilities lying within the normal range. There are no well-established genes that cause high intelligence in humans but a few have been found in animal experiments. For example, overexpression of the gene encoding a receptor for one of the neurotransmitters in the brain (N-methyl-D-aspartate) has been reported to increase the maze-solving abilities of mice.

Evidence that intelligence, as measured by IQ tests, has high heritability, is derived from the usual sources of twin studies, other family comparisons, and adoption studies. The field got off to a bad start as the early work, conducted in Britain by Sir Cyril Burt, is now known to be unreliable and parts of it have been considered fraudulent. However there have been many more recent studies, which are more sensitive to the various potential problems, such as whether twins are really MZ, and whether they were really separated, or just being raised by nearby family members. For example, five studies of MZ twins raised apart have estimated heritabilities of IQ between 68 per cent and 78 per cent. On the other hand, studies of children adopted by high IQ families, compared to similar children who were not adopted, show little difference. So there is a prima facie case, based on these traditional quantitative genetic techniques, that the heritability of IQ is high. Molecular genetics has not contributed very much to this debate. Some GWAS have been carried out to try to identify significant variants but so far the results are similar to those of other quantitative characteristics. The associations with individual SNPs reported in one study have not been sustained in others, and it is likely that the genetic variation is distributed across a large number of variants of low effect. A recent study of 126,000 people found that the top ten SNPs accounted only for 0.2 per cent of the variance in years of education achieved, a quantity highly correlated with IQ.

Although the evidence for a significant heritable element of IQ seems good, there are some significant problems. One trend of thought in quantitative genetics that has been evident since the 19th century, although it tends to be less aggressively advanced today, is the theory of racial degeneration. It goes like this. Differences of intelligence are largely inherited. People of lower intelligence (normally of lower social class) have, on average, more children than those of higher intelligence (normally of higher social class). Therefore the average IQ of each generation will be somewhat lower than the previous one and the human race is inevitably degenerating. Such analysis invites a public policy response. The word 'eugenics' was originally coined by Francis Galton, a 19th century English polymath who, among many other activities, was a pioneer in the development of statistics. The term has come to refer to a social policy of improving the human population by selective breeding for positive traits or selective prevention of breeding for unwanted traits. In the 1920s and 1930s there were serious attempts to reduce breeding of less intelligent individuals, especially in Nazi Germany but also in several Western democracies. In the USA several states introduced sterilization laws directed against the mentally retarded and the mentally ill, and sometimes also those suffering from deafness, blindness, epilepsy, and various congenital handicaps. Altogether about 65,000 people in 33 states were sterilized under these programmes, which continued until the 1970s. Eugenics was embraced by many influential and otherwise progressive thinkers in the early 20th century, but since the Second World War it has been seen as cruel or, at the very least, impractical.

The theory of racial degeneration sounds plausible, but the actual evidence points the other way. IQ scores have, in fact, been steadily rising through the 20th century in all countries where measurements have been made. This is known as the 'Flynn effect' after its discoverer. The effect is not immediately obvious because of the convention of calibrating new IQ tests so that they have a mean of 100 and a standard deviation of 15. However, when people are asked to take old tests they perform better than they do on new ones, indicating that the tests themselves have become harder. The Flynn effect is quite substantial, comprising about three IQ points per decade in the USA, and comparable figures in other countries. How long this has been going on is not known, although it seems unlikely that it extends back much beyond the 20th century, otherwise peoples of the past would have had quite remarkably low IQs by modern standards.

The reasons for the Flynn effect are not known, but they cannot be genetic as such large changes would require substantial selection, which has not, despite the wishes of the eugenicists, taken place during this period. There is some evidence that the bulk of the effect is at the lower end of the distribution, consistent with it being due to the various improvements in living conditions during the 20th century. It is interesting to compare the Flynn effect to the concurrent increase of human height, also a rapid and worldwide phenomenon associated with increased prosperity. Presumably the rise in IQ is due to some combination of better nutrition, less infectious disease, better schooling, and more general mental stimulation from newspapers, television, mobile phones, and all the other paraphernalia of modern life. In the recent past the level of IQ may have stopped increasing in the most privileged parts of the world. Studies on British populations since 1980 and those in Scandinavia since 1990 indicate a reduced or zero increase. Those who adhere to the eugenic outlook argue that the Flynn effect represents an improvement of the part of the IQ that is influenced by the environment and has masked a concurrent, but small, degeneration. This is, of course, possible, but the fact remains that IQ has risen and not fallen, contrary to the predictions of eugenicists.

Group differences in IQ

The issue of group differences in IQ has been especially controversial. The debate has focused most on the difference of IQ of about 15 points (about one standard deviation) between black and white populations in the USA. This difference has been measured many times and there is no doubt about its existence. However, there is considerable uncertainty about the reason for the difference.

Logically speaking there is no reason why a difference between two groups need bear any relationship at all to the heritability of the trait within the groups. The well-used example of geneticist Richard Lewontin illustrates this point. Imagine two fields of the same genetically heterogenous corn, one planted in a very fertile soil and the other on poor soil. When the two crops have grown up there will be a large difference of size and yield between them. Although the seed is heterogeneous and so there is a significant heritability for size between different plants within a population, the role of heredity in the difference between the two fields is zero, as this is entirely due to the environment. It has been argued that the same applies to the black–white difference in the USA, especially considering that many socially disadvantaged groups around the world also score lower in IQ tests than their local majority population (these include the Maori (native New Zealanders), the scheduled castes ('untouchables') in India, the Sephardic Jews in Israel, and the Burakumin ('hamlet people') in Japan). The Flynn effect indicates that environmental change can bring about IQ changes of similar magnitude to the black–white difference. Since the civil rights legislation in the 1960s, and the consequent improvement in educational and other opportunities for black Americans, there has been some closing of the gap between black and white in the USA, but there is disagreement about how much closure has occurred and there certainly is still a significant gap persisting to the present day.

Even though most genetic variation is between individuals and not between conventionally defined races, it is nonetheless possible for 'races' to differ systematically in variants that affect a particular quantitative trait. For example this is certainly the case for some disease susceptibilities. It might conceivably also be the case for height or for IQ. But given the large international differences in both these traits, and the speed with which population means have changed in the recent past, it is really not possible to be sure which, if any, of the measured group differences are indeed based on genetic variation.

Chapter 6
Genes in evolution

In the early 20th century NeoDarwinism became generally accepted among scientists, although even today there seems to be some way to go before it is accepted by the general public in certain parts of the world. NeoDarwinism is the synthesis of Darwin's theory of natural selection with Mendel's genetics, and the mathematical theory of the process was developed in the 1930s by Ronald Fisher, Sewall Wright, and J.B.S. Haldane. The mechanism of evolutionary change is considered to arise from mutations which confer reproductive advantage on the individuals carrying them such that, over a number of generations, each advantageous mutation spreads through the population and eventually becomes the normal version of the gene. A large number of small changes build up and this may ultimately result in the formation of a new species, distinct from the original. Changes arising from natural selection are called adaptations, and it is adaptation which gives living organisms the appearance of having been 'designed'. For example the fact that an insect's proboscis is just the right length to collect nectar from its favourite flower, or that just the right food is available for an animal to eat in its normal habitat. Much of the religious opposition to the theory of natural selection arises from the fact that it detracts from the 'argument from design' for the existence of God.

Neutral evolution

However, natural selection is not the only mechanism of evolution. In the second half of the 20th century, studies in molecular biology made it clear that a great deal of change in the primary sequence of deoxyribonucleic acid (DNA) was not adaptive at all. Instead it was 'neutral evolution', consisting of an accumulation of mutations of no selective consequence which spread through the population by the effects of random sampling of variants from one generation to the next. The way this works can be explained by considering a hypothetical very small population, consisting of just one male and one female, reproducing by brother–sister matings. Imagine that a mutation has occurred in one parent, such that half of the sperm or eggs of that individual carry the mutant gene. The chance that a given offspring of the couple carries the mutation will then be 50 per cent. If they have two offspring, the chance that both carry the mutation is 25 per cent. Suppose this occurs. In the next generation, both individuals have half of their reproductive cells carrying the mutation. So there is a 25 per cent chance that a given one of their offspring will carry two copies of the mutation. If they have two children there is a 6.25 per cent (1/16) chance that both will have both copies of the mutation. But if this occurs, it means that the mutation is now the normal form because the previous normal form has been eliminated (Figure 17). This process is called genetic drift and it occurs in all populations because of the fact that each generation of reproduction represents a sampling of the genomes that were available in the previous generation. Of course in a large population the process of establishment of new gene variants is very slow compared to this example of a single couple, and the vast majority of new mutations are eliminated rather than spreading through the population to become the normal form. Nonetheless over evolutionary time there are plenty of mutations and plenty of generations, and as a result genetic drift results in a large fraction of all the evolutionary change that occurs in genomes.

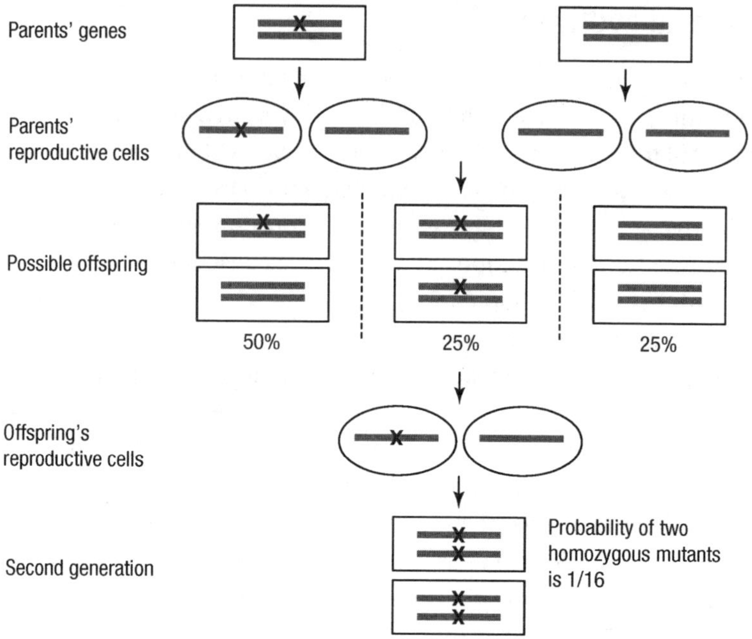

17. Genetic drift. Neutral evolution can happen by chance. The diagram shows one chromosome pair in a tiny population consisting of one male and one female. Each generation has just two individuals who we must assume are of opposite sex and reproduce by brother–sister matings. One parent has a new mutation, shown as an 'x' on a chromosome. In the first offspring generation there is a 25 per cent chance that both individuals inherit the mutation. If this occurs, then in the second generation there is a 6.25 per cent chance that both individuals have two copies of the mutation

By definition the type of mutation that becomes established by genetic drift is neutral, meaning that it does not affect the reproductive success of the organism. Because all mutations arise in the context of an existing genome and organism, there is a good chance that any given new mutation will be deleterious. This is because the change it causes is likely to be disruptive to existing mechanisms and so it will probably reduce the reproductive fitness of the organism. In such cases selection does operate in a negative sense and the probability of a significantly deleterious mutation becoming established by chance sampling is effectively zero.

Classification of organisms

Once it was realized that a lot of the variation between species consisted of neutral changes it became clear that this was a new and valuable aid to the classification of animals, plants, and microorganisms. A great deal of modern classification science now uses the primary sequences of genes as the raw data in addition to the traditional anatomical characters.

For any given protein, only a fraction of the amino acids in its structure are necessary for its biochemical activity, so the others are free to change as a result of genetic drift. The DNA in between genes shows even faster neutral evolution than the coding regions of genes, because it has limited function, or no function at all, so the range of base substitutions that can be tolerated without negative selection is increased. Population genetic theory predicts the existence of a 'molecular clock', indicating an approximately linear relationship between the time since the divergence of two lineages in evolution and the number of differences between the sequences of a particular gene.

The result is that the further apart two organism are in evolution, the larger the number of neutral changes in their DNA. If the genomes, or parts of them, are sequenced, then evolutionary trees can be constructed simply from the sequences, without knowing anything else about the organisms. These trees have been very useful in refining areas of classification that were previously obscure, especially for microorganisms, where the amount of anatomical information is often limited, or for large scale relationships, such as that between animals and plants, where there are no common anatomical features (Figure 18).

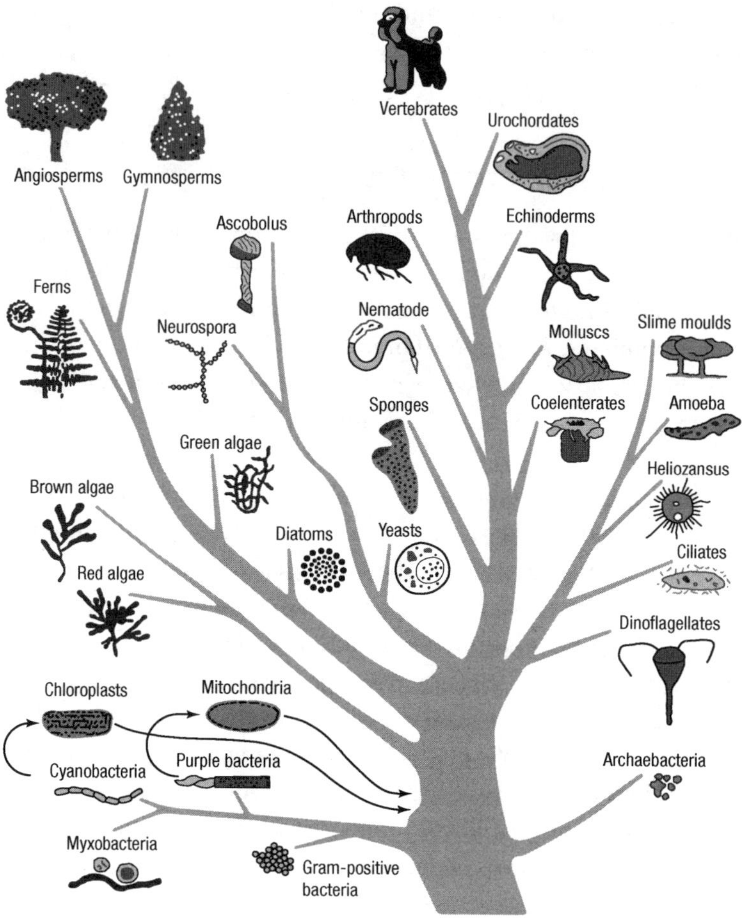

18. Tree of life. Although somewhat out of date, this phylogenetic tree nicely depicts a wide range of organisms. More accurate trees can now be constructed using the neutral differences between DNA sequences of a set of genes which are present in all organisms

Although many amino acids at inessential positions in a protein change between species because of neutral mutations, the amino acids at many other inessential positions remain the same. It is the presence of these identities that show that two genes from different organisms are really 'the same' gene. In this context, 'the same' means that they derive from a common ancestral gene and encode a protein with the same biochemical function. The same genes in different species are usually given the same name. For example the cystic fibrosis gene (*CFTR*) exists in all vertebrate animals, although the DNA sequence does differ in base substitutions that do not affect function of the protein, and it is more divergent between a human and shark than between a human and chimpanzee. Many of the genes encoding proteins with basic functions in cell structure and metabolism have remained the same in this sense since the time of the common ancestor of all extant organisms. This is the source of the oft-repeated claim that humans share many of their genes with bananas. What is being referred to here is not gene variants or markers but the actual genes concerned with basic life processes.

Most of the genomic analysis of evolution has focused on neutral evolution because this aspect can easily be explored. But of course it is natural selection that is the more interesting side of evolution because only natural selection can generate real novelty: new structures, new enzymes, and new metabolic processes. Where do new genes come from? To some extent they come from the duplication of old genes. This occasionally occurs due to an error in DNA replication, and it constitutes one type of mutation. If a gene becomes duplicated then only one copy is thereafter required to perform the original function and the other copy is free to accumulate mutations and may eventually assume a different function as a result. Among vertebrate animals, the group which comprises mammals, birds, reptiles, amphibians, and fish, a high proportion of genes belong to multigene families, each family being homologous to just one gene in invertebrate animals. The increase in gene number may have occurred by two duplications of the whole genome about 500 million years ago, followed by the elimination of many of the duplicate copies. It is thought that the opportunities for creation of new functions arising from all these spare genes was an important element in the success and diversification of the vertebrates. Similar duplications may underlie the evolutionary success of the higher plants.

How do we know that genes that are related in sequence are really derived from a common ancestral gene, rather than having evolved by natural selection to a similar sequence? The reason is that convergent evolution driven by functional efficiency would yield proteins that were identical only for the functionally necessary regions. The amino acid sequences in between would have no similarities, so the overall sequences would still be very different. There are some examples known where two genes have converged to the same function starting from totally different origins. In such cases they have no sequence identity at all, or any they do have is confined to a small region of the molecule actually responsible for its biochemical activity. An example is provided by the crystallins, which are the proteins making up the lens of the eye. In different types of vertebrate animal quite different sorts of protein have been brought into service to make a transparent lens and although they serve the same physiological function, they have virtually no sequence in common.

Implications of natural selection

Although the principle of natural selection seems very simple, the concept has some remarkably complex implications and these have been explored in great detail by theorists over the last 50 years.

Because it is capable of generating novelty, natural selection is in principle more interesting than neutral evolution. But there is still rather little information at the level of genes about what actually happened in evolution to generate the observed differences between species. The problem is that the mutations underlying a change may not be in those genes that normally control formation of that aspect of the organism. For example, the identity of the different segments in animals, in terms of their appearance and the types of appendages which they bear, are controlled by a family of genes called Hox genes. In experiments on insects it is possible to change the identity of segments in a predictable manner by introducing or removing individual Hox genes. However when two related species of insect are examined which differ in some aspect of segmental pattern, it is often found that they differ not in the presence of specific Hox genes, or even in their expression, but in other, unknown, genes, which modify the responses to the Hox genes. It seems that an intelligent designer, such as a modern developmental biologist, would do things differently from the way they actually happened in evolution.

Given that it is rather difficult to identify exactly what happened in evolution even to bring about those changes in structures whose formation is well understood by developmental biologists, it will probably be very difficult indeed to identify what happened to genes to generate more complex types of change, such as those concerned with animal behaviour. In fact, the 'genes' that are discussed in this context are mostly hypothetical, existing only within the discourse of evolutionary theory.

There are two sorts of hypothetical gene. One is the normal version which is responsible for a universal behavioural characteristic of a species. For example, male lions who take over a pride have a propensity to kill the existing cubs of other males. This aspect of lion-ness is said to be 'in the genes' although the actual genes that control this characteristic will probably always remain unknown. The other sort is a hypothetical gene variant: the new mutation which confers a new behaviour different from the current norm of the species. For example, suppose a mutation appeared which caused the carrier to sacrifice himself for others of the species. Could such a gene variant ever become established in the population, and if so, under what circumstances?

Problematic types of selection

If you look at an old-style palaeontology book it is likely to contain diagrams of the evolution of animal groups at the level of genera or families which change in evolutionary time. But once you start thinking about natural selection, you realise that whole groups of animals cannot evolve into others in this way. Families and genera are composed of species, so evolution for a higher group involves an independent parallel pathway of evolution for each of the component species, which seems unlikely. All new species must start as individual organisms which have acquired a reproductive advantage as a result of some mutation. They will pass the new variant to their offspring and because of the reproductive advantage, over many generations, the new variant will spread through the breeding population and become the normal form of the relevant gene. Once enough new variants have become established in this way the morphology of the creatures will have become changed enough for biologists to agree that it is a new species. If a new population becomes physically isolated from the old one, or if a mutation reduces mating opportunities between old and new, then the old species may persist along with the new one. Whether natural selection can operate at the level of higher groups has been very contentious. But it is important to recognize that there is an asymmetry in relation to higher group selection between extinction and progressive evolution. If the environment changes sharply this may bring about the extinction of a whole species or even a whole genus or family, and in this sense higher group selection does occur. But in the sense of development of evolutionary novelty, nothing can occur unless it is to the reproductive advantage of an individual carrying a new gene variant.

Since all selection is due to individual reproductive advantage, this raises problems for explaining the appearance and persistence of those aspects of organisms that seem to militate against individual reproductive success. One such area is sex. Sexual reproduction is almost ubiquitous among higher organisms, although a few asexual groups do exist. Since sex inevitably involves a fraction of the population (males) making only a small material contribution to the offspring, a mutation causing asexual behaviour should double the rate of reproduction and therefore be strongly selected for. But, since most organisms are sexual, this evidently does not happen very much. Why not?

Another area is altruistic behaviour. If one animal sacrifices itself to save others of its species, which certainly occurs in nature, it seems to be reducing its own reproductive chances and thereby allowing gene variants carried by the other individuals to prevail in the population. Explaining the origin and persistence of altruism has been a major theme in modern evolutionary theory.

These problems, and possible answers to them, were popularized in *The Selfish Gene* (1976) by Richard Dawkins, derived from ideas of William Hamilton (see later in the chapter). The selfish gene is not, in fact, a gene causing selfish behaviour. It is rather a way of looking at evolution that is gene-centred. Generally what is good for the organism is good for the propagation of the gene variants it carries. But sometimes, as for sex and altruism, maximizing inheritance of gene variants that bring them about seems at first sight to be of advantage to the group but of disadvantage for the individual, and hence it requires further explanation.

Sex

In mammals, sex is determined by the chromosome complement. Unlike all the other chromosomes, the sex chromosomes come in distinct X and Y varieties. Males are XY and females are XX. It might seem that this is a rigid mechanism that automatically generates equal numbers of two sexes, and which cannot be changed. However sex determination systems are actually very varied indicating that they have changed a lot in evolution. For example in birds the males have two similar sex chromosomes and the females have dissimilar ones.

There are many possible explanations for the persistence of sex, but they all tend to focus on the idea that sexual reproduction allows more flexibility in evolution because it recombines the gene variants from the two parents every generation. For an asexual creature to acquire two different specific gene variants requires a double mutation, which would be very unlikely to occur. But for a sexual population even two very rare variants will eventually be brought together by the independent assortment of chromosomes and by recombination within chromosomes. Thus sexual populations are more flexible in response to selection because they can generate novel combinations of variants more quickly. This is fine but it implies selection from an environment which is changing all the time, in every generation, because the selection has to be strong enough to resist the twofold advantage of reproduction rate immediately acquired by an asexual mutant. In general the environment does not seem to change that fast or that often.

One possible explanation that has been investigated to some extent is the so called 'Red Queen hypothesis'. It is named after the character in *Alice through the Looking Glass* who explained that in her country you always have to keep running faster just to stay where you are. This theory supposes that all organisms are infested with parasites. Genes in the host encode proteins that confer resistance to the parasites, and gene variants exist such that some variants confer greater resistance to some strains of parasite. The parasites carry genes that encode proteins enabling them to evade the resistance of the hosts. These also have gene variants that confer evasion to particular gene variants of the hosts. In this situation the parasitic infection produces continual new environments for the hosts because the parasites are selected to increase the frequency of gene variants that evade resistance most. Simultaneously the hosts are selected to promote the frequency of gene variants that impart resistance to the most common variants of the parasites. An asexual population of hosts will succumb to the parasites because it will only be able to produce new resistant gene variants by mutation, a much slower process than the selection of the parasite to evade resistance. A sexual population will be more successful because the process of sex continually brings together new combinations of the existing gene variants in the population and so continually produces organisms resistant to the most common forms of parasite.

This theory has been investigated in organisms such as snails and fish where sexual and asexual races coexist, and in many cases it is found that the asexual races do suffer higher levels of parasitism. In an experimental study, nematodes which may exist either as self-fertilized hermaphrodites or as sexual strains were infected with the same bacteria and maintained for many generations in the laboratory. In this artificial co-evolution situation, the self-fertilizing hermaphrodites go extinct after a few generations, whereas the sexual strain is able to maintain resistance long term.

So the Red Queen hypothesis has some evidence in its favour. It probably cannot explain the persistence of all sex everywhere because co-evolving parasites are not completely ubiquitous. However it serves as an example of how natural selection theory can explain certain aspects of evolution that seem at first sight to be incompatible with it.

Altruism

Animal behaviour is replete with examples of altruism. For example soldier termites engage in combat, sometimes to the death, to facilitate the flight of the reproductive termites. Dominant male baboons stand guard over foraging groups and will confront predators while the rest of the troupe retreats. Female nighthawks leave the nest when a predator approaches and settle in front of it feigning injury to distract attention from the young (Figure 19). These things have been known for a long time and in 1902 the Russian biologist Peter Kropotkin argued in his book *Mutual Aid* that cooperation and mutual aid are the most important factors in the evolution of species and their ability to survive. The zoologist V.C. Wynne Edwards proposed in 1962 that animals were able to limit their reproductive rate for the good

19. Nighthawk. Altruistic behaviour by the female nighthawk is seen when, to distract predators from the nest, she either droops her wings (left) or outstretches them (right)

of the species as a whole. This would occur typically when the population density was growing too high for the available food supply. He further proposed that mass swarming of animals served the function of allowing them to sense the population density. However, natural selection seems on the face of it to be incompatible with evolution of any type of altruistic behaviour. If such a behaviour existed and a mutation emerged which caused its carrier to cheat the system, for example by continuing to reproduce at a high rate while others reduced their reproduction, then this mutation would be favoured by selection and spread until it became the normal form of the gene.

The probable solution to the altruism problem can be traced back to J.B.S. Haldane, one of the founders of the modern synthesis of NeoDarwinism, who is reputed to have said: 'I would lay down my life for two brothers or eight cousins'. He identified that fact that a gene variant responsible for altruistic behaviour could propagate itself if it assisted the reproductive success of enough relatives who carried the same variant. Since brothers, on average, have 50 per cent of their variants the same, and cousins have 12.5 per cent the same, Haldane's calculation makes sense. In fact eight cousins only represent the break-even point and it would be more appropriate to lay down one's life for nine or more cousins because then you would be sure of giving your gene variants an advantage. The principle was developed mathematically by the theorist W.D. Hamilton who in 1964 introduced the concept of 'inclusive fitness'. Inclusive fitness is defined as the sum of all the fitness effects that the actor has on its relatives (including itself), each increment or decrement being weighted by the genetic relatedness to that recipient. Consequently, altruism may be favoured by natural selection despite the direct cost to the actor, so long as it provides a sufficiently large benefit to sufficiently related recipients.

So, for example, the soldier termites enable spread of their own gene variants by helping their reproductive siblings. The dominant male baboon is probably the father of many of the troupe he is aiding, each sharing 50 per cent of his gene variants. With sufficient ingenuity it turns out to be possible to explain just about any feature of animal behaviour by some type of argument based on inclusive fitness. For example instead of limiting their reproduction 'for the good of the species', birds will have an 'optimum clutch size' based on the maximum number of chicks that they can rear successfully given the prevailing conditions. Gene variants that predispose birds to pick up environmental signals about future food supply and feed this into the physiological controls of egg production would be favoured by selection. According to such arguments natural selection is compatible with exactly the same outcome as the discredited theory of Wynne Edwards.

Some very important examples of altruistic behaviour concern the social insects. Bees, wasps, ants, and termites include many species with highly differentiated social structures. These are varied and complex but in general there is a caste of reproductive individuals and a caste of non-reproductive workers. The workers do all sorts of chores to support the reproductives, and to look after their brood. Why would they do this? Darwin himself was aware that this could pose a problem for the theory of natural selection and suggested that selection was at the level of 'the family'. It turns out that the insect groups with this type of social structure all practice strict monogamy, or at least are thought to have done so when the social organization first evolved. Monogamy means that the inhabitants of one nest are all the offspring of a single queen and single male. This makes the relatedness high enough to explain why the sterile castes will work to support the success of the reproductive individuals. In some cases, such as the honeybee, the queen does mate with more than one male, but this is believed to be a newly evolved behaviour and to have emerged after the establishment of castes had become irreversible.

Inclusive fitness theory has explained many processes in behavioural ecology. Originally the gene variants were all hypothetical and the models were tested just by observing behaviour. But more recently some of the genes underlying behaviour and especially the colony structure of social insects, have been identified, so it is now possible to test models also by examining relevant gene variants.

Universal characters ascribed to 'genes'

'Sociobiology' is the trend in biology that examines animal behaviour from an evolutionary perspective. The term was popularized by the book of this name by E.O. Wilson published in 1975. It includes the considerations above relating to sex and altruism, and many other topics. It also includes the general idea that the normal behaviour of a species is 'in the genes'. In one sense it is an obvious truism, since behaviour like that shown by social insects is presumed to be hard wired into their nervous system and not the result of free and independent ethical decisions taken by each ant. However there has been a strong tendency to extend the arguments to human characteristics including perception, beliefs, customs, institutions, and so on. This obviously clashes with the traditions of social science that have sought explanations for human beliefs and behaviours in the dynamics and processes of human society and not in genetics at all. There has been, and will doubtless continue to be, considerable disagreement between scientists about the extent to which evolutionary models of animal behaviour can be extended to human beings.

The school known as 'evolutionary psychology' specifically aims to identify aspects of human behaviour that are the product of evolution. The founding manifesto is a book: *The Adapted Mind: Evolutionary Psychology and the Generation of Culture* edited by Jerome Barkow, Leda Cosmides, and John Tooby (1992). A prominent advocate for the school is Steven Pinker of Harvard University.

Evolutionary psychology differs somewhat from the aspects of evolutionary biology mentioned above in that it is not interested in genetic differences between people, only in the universal features of the human race. Indeed in the founding text it is baldly stated that there are no significant genetic differences between groups of humans, thus conveniently evading the contentious matters touched on in Chapter 5 above. The school dislikes accounting for human characteristics in terms of genetics versus environment and takes the view that all characters involve substantial interaction between the genetic inheritance and the environment, much of which consists of other human beings. At the same time, it does aim to expand the domain of 'nature' into the territory of the social sciences, particularly social psychology. For example it is recognized that characteristics such as the language spoken by an individual depends on the circumstances of his upbringing. But it maintains that the human mind has specialized modules for language acquisition which impose a necessary structure to the process, independent of experience, and indicate the existence of a genetically hard wired capability for learning language in a specific way. Similar arguments are deployed in relation to other behaviours such as mate preference, sexual jealousy, mother–infant emotional communication, and social contact algorithms.

Anthropologists usually argue against the existence of 'human nature' by pointing to variability between societies in more or less any human attribute. If you think of something that seems natural and universal, anthropologists will invariably find some tribe somewhere who do it differently. But evolutionary psychologists argue that the anthropologists are only looking at manifest properties and not at the underlying evolved system. They maintain that there are 'closed systems' equivalent to hard-wired behaviours, which are rather rare in humans, and 'open systems', like that responsible for language acquisition, where the potentiality is part of an evolved human nature but the manifest realization depends on culture.

A key feature of this tradition is the idea that very little human biological evolution can have occurred in the last 10,000 years, in other words during the Neolithic and historic periods. So our genetic heritage must date from the preceding Meso- and Palaeolithic periods when there was time for extensive evolutionary change, and which is documented to a limited degree by the human fossil record. In other words: 'modern humans have stone-age brains'.

The general case seems plausible but at the same time it is hard to identify real limits to human belief or behaviour. For example, some people choose not to have children, despite the likely biases in favour of reproductive behaviour arising from natural selection. Men may have some inherent aggressive tendencies but in modern societies these are firmly kept in check by social sanctions and by the legal system. The human mind may not be entirely a 'blank slate', but it does seem to be a slate on which the inscriptions can be changed.

Debates relating to sociobiology and to evolutionary psychology will doubtless go on for many years. From the point of view of the study of genes the important point about these disciplines is to realize that they involve a commitment to genetic determinism in general but they do not deal with any identified genes. It is always possible to think of a potential evolutionary explanation for any current trait, but proving that it actually happened is another matter. As we have seen this is even hard to do for those features of the anatomy whose developmental biology is well understood. In the end, we must accept that the gene concept is very broad and extends to areas where actual genes have not been, and may never be, identified.

Conclusion: the varied concepts of the gene

A principal object of this book has been to convey how many different concepts of 'the gene' there are, and how soundly they are based.

The gene of molecular biologists is a defined stretch of deoxyribonucleic acid (DNA) encoding a specific protein or ribonucleic acid (RNA). The structure, function, and regulation of many genes are understood in substantial detail. The genes of many different types of organism have been catalogued in the form of fully sequenced and annotated genomes. The same gene differs from one species to another by a number of neutral substitutions and these differences can be used for refining the classification of organisms.

Within a breeding population there is always some genetic variation. For example, different human individuals differ by about 0.1 per cent in genome sequence. There are some genes which, when mutated to inactivity or inappropriate activity, produce clear effects on the whole organism. However most variable traits arise from the action of many gene variants.

The 'genes' of human population studies are DNA markers differing between individuals. They are usually not in actual genes but in DNA outside genes. A specific subset of markers (certain simple tandem repeats) are used for forensic identification.

The 'genes' of quantitative genetics are mostly unknown variants at multiple loci which are presumed to have small additive effects on the character in question. The theory of quantitative genetics has been useful for informing programmes of animal and plant breeding and it is also used to calculate 'heritabilities' for human traits including some diseases.

The 'genes' of evolutionary studies were originally hypothetical gene variants, usually affecting animal behaviour in a certain way, postulated to exist for the purpose of creating models of evolutionary processes operating through natural selection. However some relevant gene variants can now be observed.

Finally there is the 'in our genes' type of gene where the bases of universal features of human behaviour or social organization are presumed to be determined by the genome in a similar way to anatomical or physiological characters, but no actual genes are examined.

At all these levels the gene concept has been important for society. Specific genes are the basis of much biomedical research and the biotechnology industry. The more hypothetical types of gene have been deployed to support ideas in the social and behavioural sciences about possible biological bases for all types of desirable or undesirable human traits.

In my view, the gene concept is at its most useful when considering single identified genes. The further away speculation runs from this core, the less reliable and more prone to misuse it becomes. However, the purpose of this book is not to tell readers what to think; it is rather intended to help them to evaluate the controversial issues on the basis of knowledge about real genes and their properties.

Further reading

There are numerous textbooks of genetics for use in higher education. These are just three of them:

J.D. Watson, T.A. Baker, S.P. Bell, A. Gann, M. Levine, and R. Losick (2014). *Molecular Biology of the Gene*, 7th edn. Upper Saddle River, NJ: Pearson. (Focus on molecular genetics.)

A.J.F. Griffiths, S.R. Wessler, S.B. Carroll, and J. Doebley (2012). *Introduction to Genetic Analysis*, 10th edn. New York: W.H. Freeman. (Wider coverage.)

L. Hartwell, L. Hood, M. Goldberg, A. Reynolds, L. Silver, and R. Veres (2010). *Genetics: From Genes to Genomes*, 3rd edn. New York: McGraw Hill. (More emphasis on genomics.)

The following are books written for the general public:

F.H. Portugal and J.S. Cohen (1977). *A Century of DNA: A History of the Discovery of the Structure and Function of the Genetic Substance*. Cambridge, MA: MIT Press. (Very informative about early work on DNA.)

J.D. Watson (1968). *The Double Helix*. London: Weidenfeld and Nicholson. (A racy account of the discovery of the 3D structure of DNA.)

A.M. Leroi (2003). *Mutants: On the Form, Varieties and Errors of the Human Body*. London: Harper Collins. (More readable than most books on human genetics.)

R.J. Herrnstein and C. Murray (1994). *The Bell Curve: Intelligence and Class Structure in American Life*. New York: Free Press.

(Very controversial book arguing for heritable differences in IQ between both individuals and groups.)
S. Rose, R.C. Lewontin, and L.J. Kamin (1984). *Not in our Genes: Biology, Ideology and Human Nature*. Harmondsworth: Penguin. (A fierce rebuttal of genetic determinism and sociobiology.)
R. Dawkins (1976). *The Selfish Gene*. Oxford: Oxford University Press. (A popular presentation of the gene-centred view of evolution pioneered by W.D. Hamilton.)
S. Pinker (2002). *The Blank Slate: The Modern Denial of Human Nature*. London: Allen Lane, Penguin Press. (A popular presentation of evolutionary psychology.)

The following are academic review articles which expand on topics mentioned in this book. The first two are of historic interest while the others give a more or less up to date picture.

A. Gulick (1938). What are the genes? I: The genetic and evolutionary picture. *The Quarterly Review of Biology*, 13: 1–18.
A. Gulick (1938). What are the Genes? II: The physico-chemical picture. *The Quarterly Review of Biology*, 13: 140–68.
A.O.M. Wilkie (1994). The molecular basis of genetic dominance. *Journal of Medical Genetics*, 31: 89–98.
M.L. Metzker (2010). Sequencing technologies—the next generation. *Nature Reviews Genetics*, 11: 31–46.
M.A. Jobling and P. Gill (2004). Encoded evidence: DNA in forensic analysis. *Nature Reviews Genetics*, 5: 739–52.
L. Kruglyak (2008). The road to genome-wide association studies. *Nature Reviews Genetics*, 9: 314–18.
P.M. Visscher, W.G. Hill, and N.R. Wray (2008). Heritability in the genomics era—concepts and misconceptions. *Nature Reviews Genetics*, 9: 255–66.
R.A. Kittles and K.M. Weiss (2003). Race, Ancestry, and Genes: Implications for defining disease risk. *Annual Review of Genomics and Human Genetics*, 4: 33–67.
D. Garrigan and M.F. Hammer (2006). Reconstructing human origins in the genomic era. *Nature Reviews Genetics*, 7: 669–80.
M. Burmeister, M.G. McInnis, and S. Zöllner (2008). Psychiatric genetics: progress amid controversy. *Nature Reviews Genetics*, 9: 527–40.

L.A. Dugatkin (2007). Inclusive fitness theory from Darwin to Hamilton. *Genetics*, 176: 1375–80.
G.E. Robinson, R.D. Fernald, and D.F. Clayton (2008). Genes and social behavior. *Science*, 322: 896–900.

“牛津通识读本”已出书目

古典哲学的趣味
人生的意义
文学理论入门
大众经济学
历史之源
设计，无处不在
生活中的心理学
政治的历史与边界
哲学的思与惑
资本主义
美国总统制
海德格尔
我们时代的伦理学
卡夫卡是谁
考古学的过去与未来
天文学简史
社会学的意识
康德
尼采
亚里士多德的世界
西方艺术新论
全球化面面观
简明逻辑学
法哲学：价值与事实
政治哲学与幸福根基
选择理论
后殖民主义与世界格局
福柯
缤纷的语言学
达达和超现实主义
佛学概论
维特根斯坦与哲学
科学哲学
印度哲学祛魅
克尔凯郭尔
科学革命
广告
数学
叔本华
笛卡尔
基督教神学
犹太人与犹太教
现代日本
罗兰·巴特
马基雅维里
全球经济史
进化
性存在
量子理论
牛顿新传
国际移民
哈贝马斯
医学伦理
黑格尔
地球
记忆
法律
中国文学
托克维尔
休谟
分子
法国大革命
民族主义
科幻作品
罗素
美国政党与选举
美国最高法院
纪录片
大萧条与罗斯福新政
领导力
无神论
罗马共和国
美国国会
民主
英格兰文学
现代主义
网络
自闭症
德里达
浪漫主义
批判理论

德国文学
戏剧
腐败
医事法
癌症
植物
法语文学
微观经济学
湖泊
拜占庭
司法心理学
发展
农业
特洛伊战争
巴比伦尼亚
河流
战争与技术
品牌学
数学简史
物理学
行为经济学
计算机科学
儒家思想
未来
基因
儿童心理学
时装
现代拉丁美洲文学
卢梭
隐私
电影音乐
抑郁症
传染病
希腊化时代
知识
环境伦理学
美国革命
元素周期表
人口学
社会心理学
动物
项目管理
美学
管理学
卫星
国际法
计算机
亚当 · 斯密
代数
天体生物学
电影
俄罗斯文学
古典文学
大数据
洛克
幸福
免疫系统
银行学
景观设计学
神圣罗马帝国
大流行病
亚历山大大帝
气候
第二次世界大战
中世纪
工业革命
传记
公共管理
社会语言学
物质
学习
化学
天体物理学
意大利文学